Le scandale géologique guinéen

Ibrahima Sory N'Diaye

Le scandale géologique guinéen

Préface d'Ibrahima Soumah

L'Harmattan

Du même auteur

La gestion des risques professionnels et environnementaux dans le domaine minier guinéen, L'Harmattan Guinée, 2015.

5-7, rue de l'Ecole-Polytechnique, 75005 Paris

http://www.harmattan.fr
diffusion.harmattan@wanadoo.fr
harmattan1@wanadoo.fr

ISBN : 978-2-343-06109-2
EAN : 9782343061092

PRÉAMBULE

Les différents travaux menés avant et après l'indépendance ont grossièrement défini les grandes structures géologiques de la Guinée, circonscrit avec une précision relative les limites de la partie émergée de l'iceberg minier dont la diversité, la taille et la qualité ont consacré le pays « scandale géologique ».

Toutefois, l'usage de ce terme doit être admis seulement sous l'angle comparatif et promotionnel, la sagesse nous commandant d'en faire l'économie sous l'angle géoscientifique. En effet, un potentiel minéral fut-il hors du commun géologique, ne peut être assimilé au résultat d'un accident fortuit défiant les lois et règles consensuellement admises de la géoscience. Il doit être perçu comme le résultat logique d'une fertilisation croisée d'une géodynamique interne et externe hautement porteuse. Autrement dit, c'est une sorte de déviation locale dans la normalité évolutive des faits géodynamiques complexes.

Les études effectuées à date ont consacré la Guinée comme l'épicentre planétaire de la bauxite avec 41 Milliards de ressources et site refuge naturel à d'importants gisements de fer dont probablement un des plus gros au monde non encore exploité : le Simandou. Néanmoins, la partie immergée de l'iceberg minier requiert davantage d'études géo thématiques fines et poussées en vue d'étayer ses potentialités minières notamment dans le domaine pétrolier.

Cet ouvrage se veut un document guide et d'aide à la décision. Dans cet exercice, nous dressons à la lumière des informations à date disponibles, les contours actifs et passifs de la carte identitaire du potentiel minéral avec quelques singularités géo thématiques et contraintes de développement qui s'y attachent.

Plongé dans une hibernation artificielle depuis plusieurs années, le haut potentiel minéral de la Guinée doit lui permettre de passer du « toit géologique » au « toit minier de la planète, et en faire un pays émergent. Ce « transfert » passe nécessairement par la levée de certaines contraintes de développement dont le substratum repose entre autres sur : l'adaptation dynamique du code minier aux réalités nationales et à celles du village minier planétaire, le toilettage du cadastre minier, la relecture des contrats miniers, la poursuite des travaux géologiques sur des zones indicielles, le développement durable, la bonne gouvernance, les ressources humaines compétentes, intègres et surtout attentives et « connectées » à la rotation de la terre ».

PRÉFACE

Par SE Ibrahima Soumah,
ancien Ministre des Mines

Le grand mérite de l'ouvrage écrit par Dr NDiaye, intitulé : « Le scandale géologique guinéen » : contours et contraintes de développement, est d'avoir donné pour la première fois une explication géoscientifique cohérente de la notion de scandale géologique. Dans un style proche de l'acteur et du décideur miniers, l'ouvrage cerne la carte identitaire et le périmètre utile actuels du potentiel minéral dont il dresse synthétiquement quelques singularités géodynamiques et contraintes majeures de développement durable.

Les outils et contraintes proposés pour le développement du secteur minier possèdent une vertu pédagogique. Ils sont en outre présentés sous une forme transmissible, transférable et appropriable par tous.

Il n'est d'ailleurs pas étonnant que Dr NDiaye soit l'auteur de cet éclairage extrêmement utile, aussi bien pour les scientifiques que pour les exploitants miniers. Dr NDiaye est en effet un professionnel avéré qui a bénéficié des formations les plus pointues, car après sa sortie d'université avec mention « excellent »pour son diplôme, il a pu parfaire son cursus dans les plus grands centres universitaires en France, au Canada et en Russie.

Il a aussi tiré le maximum de profit de ses nombreux stages et séminaires à travers le monde, notamment dans les installations de Alcoa où il s'est spécialisé dans l'implémentation du célèbre outil de gestion ABS ou Alcoa Business System et du système de management de santé sécurité environnement.

Je suis par ailleurs convaincu que la vraie qualification de Dr NDiaye réside dans le fait que juste après sa sortie d'école, il a été envoyé au Mozambique où il a dirigé le développement géologique de la plus grande mine de colombo-tantalite avant d'intégrer à son retour les équipes de géologues guinéens qui ont réalisé le levé géologique au 1/200 000 de l'Est et Sud Est du territoire national, en compagnie de spécialistes du BRGM de France et d'experts internationaux du Canada et de la Banque Mondiale.

Cette expérience, qu'il fera valoir à la tête de la Direction Nationale de la Géologie, est capitale et irremplaçable dans la formation d'ingénieurs de haut niveau du fait du caractère concret et réaliste des travaux de terrain où le géologue est non seulement en contact avec les roches, mais aussi avec la nature dans toute sa diversité géographique de la faune et de la flore.

Une des causes du retard dans la mise en valeur des immenses ressources de la Guinée est qu'on a souvent comme interlocuteurs des cadres qui n'ont jamais été sur le terrain, et qui ont tendance à combler cette lacune par des attitudes populistes, aggravant ainsi la mauvaise gouvernance ambiante dans l'administration guinéenne.

On comprend donc aisément que Dr NDiaye après avoir largement développé les particularités géologiques et gitologiques de la Guinée, a suggéré un système de bonne gouvernance et de développement durable pour les ressources naturelles du pays. Il faut donc espérer que des cadres aguerris comme Dr NDiaye soient de plus en plus nombreux et qu'ils soient effectivement chargés de la mise en œuvre de la politique de développement minier de la Guinée.

AVANT-PROPOS

Cet essai s'inscrit dans le cadre de la valorisation de la modeste expérience que j'ai capitalisée au Mozambique et en Guinée Bissau au titre de coopérant minier, au Service National d'Information géologique et minière et à la Direction Nationale de la Géologie et à la Direction Santé Sécurité et Environnement de la Compagnie des Bauxites de Guinée.

Au-delà de son caractère informatif, cet ouvrage se veut un essai pour servir de guide informationnel pratique et de fondement conceptuel pour stimuler la réflexion et la prise de conscience des acteurs et décideurs d'un secteur vital pour l'économie nationale qui se sort en douceur d'une « hibernationation artificielle profonde ».

Fruit d'intenses travaux de recherches, de synthèse et de réflexion, l'ouvrage porte l'apport bénéfique de plusieurs spécialistes : les uns, pour leur disponibilité dans la recherche et la mise à disposition des informations, les autres, pour la lecture critique du document assortie de remarques et suggestions pertinentes, parfois croisées ou concordantes.

A ce titre, je voudrais tout d'abord remercier particulièrement son Excellence Ibrahima Soumah ancien Ministre des Mines et de la Géologie qui a non seulement accepté de préfacer cet ouvrage, mais également nous a gracieusement offert ses deux récentes publications axées sur le secteur minier et qui ont fortement enrichi le contenu du présent essai. Aussi, à Docteur Ahmed Tidiane Souaré Ex-Premier Ministre et Ex-Conseiller à la Présidence de la République mes sincères remerciements pour sa lecture critique et ses suggestions innovantes. Je m'en voudrais si je n'y associais Dr Aliou Cissé Directeur National de la Géologie, Thierno Sita Diallo et Mamadi Kaba, des géologues aguerris et chevronnés. Je n'oublie pas Alpha Tata Baldé Directeur Qualité de la CBG et Abdourahmane Keita Surintendant Laboratoire de chimie de la CBG, pour leur précieuse contribution ayant contribué au toilettage de l'ouvrage.

A Ibrahima Sory Keita un jeune stagiaire et la regrettée N'Nankadia Bangoura, toute ma reconnaissance pour leur grande disponibilité dans la mise en forme du document.

Par ailleurs, je reste redevable vis-à-vis de mon épouse Aïssata Condé, mes enfants Nis Aïcha, Kader, Salim, Pape, Aïssatou pour leur patience et compréhension qui m'ont permis d'aller jusqu'au bout de cette aventure pleine de défis mais également de fierté.

Que tous - connus ou anonymes- soient ici vivement remerciés. Et j'ose croire, que l'on ne me tiendra pas rigueur, des erreurs et oublis toujours possibles.

PRESENTATION

An 1235, l'Or du Bourré connu depuis la nuit des temps, apporte sa touche à la renommée et à la grandeur de l'Empire du Manding. La vocation minière de la Guinée s'y profile. Aux XVIII, XIX, XXe siècles, d'importantes personnalités du monde géo scientifiques honorent la Guinée de leurs études. De nombreux organismes de recherches géologiques emboîtent le pas. Les plateaux bauxitiques, les monts ferrifères, les filons et placers aurifères et diamantifères constituent à cet effet, les cibles privilégiées des différents programmes de recherches minières. Parallèlement, des travaux de recherches géologiques d'ordre stratégique seront menés et aboutiront en 2000 à la couverture cartographique à 1/200000ème du pays. Deux grands ensembles géologiques y seront grossièrement définis : l'un à l'Est, le socle métamorphique archéen et protérozoïque, et l'autre à l'Ouest, l'ensemble sédimentaire des dépôts de la couverture plateformienne d'âge protérozoïque supérieur infracambrien à Paléozoïque.

Scandale géologique, épicentre planétaire de la Bauxite ou pays élu par la nature, la Guinée est le fruit d'une exceptionnelle fertilisation croisée d'une géodynamique interne et externe porteuse. Autrement dit, c'est une sorte de « déviation locale » dans la normalité des faits géologiques aux paramètres variables et variés, intervenant dans des domaines divers généralement dépendants directement les uns des autres, ou parfois sans relations génétiques réciproques, mais peut-être, de simples relations de « cousinage ».

A la lumière des informations disponibles, la carte identitaire du potentiel minéral et les singularités qui s'en attachent sont dressées. Des pistes de solutions susceptibles d'aider à briser l'hibernation artificielle profondc dans laquelle est plongé depuis plusieurs années ce haut potentiel minéral guinéen sont proposées. Le substratum de ces contraintes repose fondamentalement sur : l'adoption d'un code minier possédant des vertus dynamiques et suffisamment ouvert aux réalités du village minier planétaire, la revue objective des contrats miniers sous le pilotage de ressources humaines intègres, attentives et « connectées à la rotation de la terre », la poursuite des travaux de recherches géologiques et minières, la bonne gouvernance, le développement durable avec point d'ancrage : la stabilité politique.

Représentation zonale des principaux Gisements et Indices
(CPDM complétée PAR DR N'DIAYE)

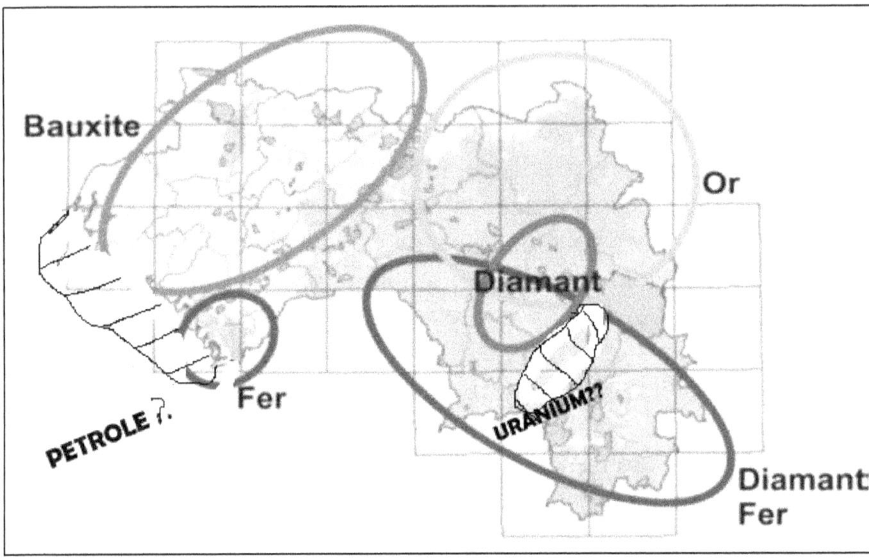

Fig. B : Schéma de régionalisation minéralogénique de Guinée (CPDM)

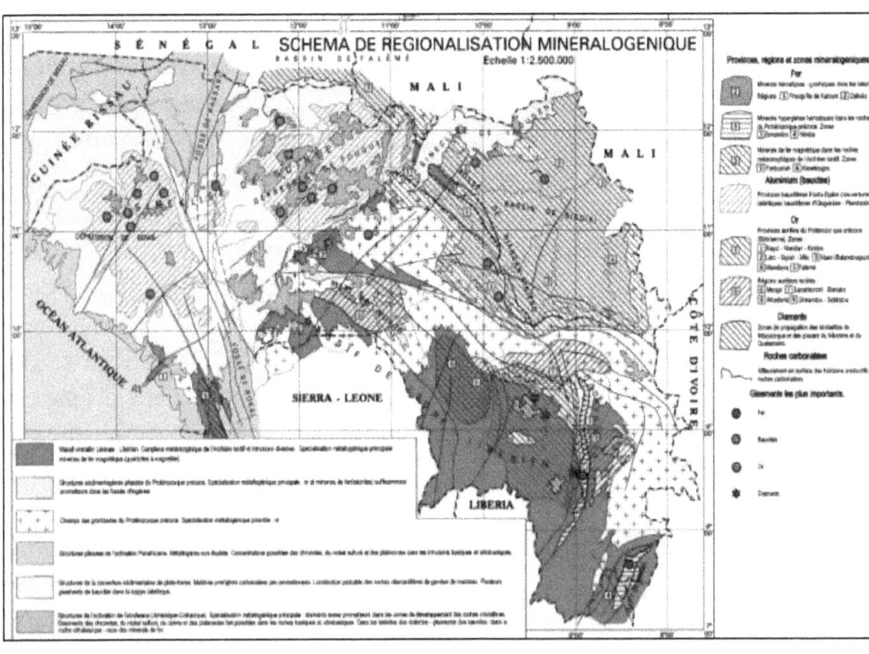

1. INTRODUCTION

Le secteur minier représente aujourd'hui la locomotive de l'économie guinéenne. Et dans la conjoncture actuelle, il est fort probable qu'il en restera ainsi encore pour quelques années, avant que d'autres secteurs comme l'agriculture ne prennent le relais.

En effet, le secteur minier participe pour environ :

- 19,54% du PIB
- 88,9% des recettes d'exportation
- 23,1% au budget National
- 10.000 postes permanents dans l'industrie
- Plus de 100.000 dans la Mine artisanale

La diversité, la quantité et la qualité des ressources et réserves minières exceptionnelles assurent à la Guinée, un « siège » parmi les pays élus de la planète.

Cependant, l'existence d'un écart abyssal entre ce potentiel minier que l'on assimile par ailleurs à un scandale géologique, et le niveau de développement économique du pays mérite attention et correction notamment pour un pays où la découverte et la mise en valeur des ressources minières constituent un des fondements de son développement économique.

C'est dans cette optique de relance du secteur minier que s'inscrit cet essai.

L'exercice n'a pas la prétention d'apporter les solutions toutes faites à la problématique posée mais apporte son éclairage sur certains éléments susceptibles de contribuer à la réduction sensible de l'écart abyssal entre potentiel minéral et niveau de développement économique du pays. Ainsi, il se veut à la fois fondement conceptuel pour stimuler la réflexion et un coffre à outils pour l'action, une mise au point théorique et un guide pratique.

L'ouvrage s'articule sur les points ci-après :

- L'esquisse géologique de la Guinée ;
- La synthèse et revue des travaux de cartographie géologique et recherches minières ;
- Quelques singularités géo scientifiques du potentiel minéral ;
- Contours et Signification du scandale géologique guinéen ;
- Revue synthétique et analytique de la carte identitaire du potentiel minéral guinéen ;
- Contraintes de développement du potentiel minier ;
- Conclusion.

2. ESQUISSE GÉOLOGIQUE DE LA GUINÉE

2.1. Sommaire du Cadre géologique

La Guinée est située sur le craton Ouest-Africain. Celui-ci est formé d'un socle cristallin antécambrien, sur lequel reposent des bassins internes paléozoïques et mésozoïques, tandis que les bassins crétacés à quaternaire, dessinent une frange très inégalement développée en bordure de l'Atlantique. Schématiquement, deux grands ensembles géologiques se partagent le territoire : d'un côté, les formations précambriennes (Archéens et Protérozoïques) occupent la partie orientale avec quelques boutonnières signalées au Sud-Ouest et Nord-Ouest (Bassarides), de l'autre, les dépôts de la couverture de la plateforme d'âge protérozoïque supérieur à cénozoïque qui occupent en forme de V la partie occidentale du pays.

2.2. Esquisse géologique de la Guinée

Deux grands ensembles géologiques bien distincts se partagent le territoire national dont la superficie est de 245 857km^2.

- Le socle métamorphique archéen et protérozoïque faisant partie du Craton Ouest Africain. Il occupe la partie sud-est, nord-est et centrale du pays avec des boutonnières cartographiées à Forécariah-Mali-Youkounkoun et au sud de Kindia.
- L'ensemble sédimentaire, correspondant aux dépôts de la couverture de la plateforme d'âge protérozoïque supérieur infracambrien à paléozoïque. Il affleure essentiellement à l'Ouest et au Nord-Ouest du pays en forme de V.

Le socle archéen est constitué de puissantes formations très plissées et intensément métamorphisées qu'on retrouve principalement en Guinée Forestière, en Haute Guinée et en Basse Guinée, depuis les régions de Lola-Beyla au sud jusqu'à celles de Siéroumba.

Quatre (4) séries y sont définies : Dabola-Kassila-Cambui-Simandou/Nimba.

Le socle archéen est constitué essentiellement des amphibolites, des schistes à pyroxènes et amphibole, des gneiss à hypersthène, des quartzites ferrugineux à magnétite et à oligiste et des schistes cristallins.

Le socle protérozoïque inférieur est connu dans deux régions distinctes : l'une à l'ouest dans la zone axiale des Bassaris, l'autre, au nord-est dans le bassin de Kankan-Siguiri.

Au Nord-Est, on note deux assises :

- L'assise inférieure, beaucoup moins métamorphisée que les formations archéennes, s'étend de la bordure de la chaîne du Niandan à l'Ouest jusqu'à la frontière avec le Mali à l'Est. Elle est constituée de schistes, d'arkoses, de quartzites, micaschistes, grenats et tourmaline.
- L'assise supérieure est une bande large de 10-50 km et longue de 120 km. Elle est constituée de roches volcaniques, basiques, métamorphisées et de volcano-sédiments.

L'ensemble du Birrimien a été affecté par un magmatisme intense sous forme de batholites concordants et sécants de granites et granodiorites.

Quant au protérozoïque supérieur à l'infracambrien, il s'agit de formations subhorizontales de couverture, peu métamorphisées, reposant en discordance sur le socle archéen ou le Birrimien.

Formées de séries détritiques, volcano-sédimentaires, rarement de calcaires, elles affleurent dans l'Ouest et le Nord-Ouest de la Guinée où elles forment un important bassin, prolongement occidental du bassin de Taoudéni.

Cet ensemble se caractérise par une zone étroite, plissée et métamorphisée de direction Nord-Sud (zone des Bassaris), prolongement des Mauritanides (Koubia et Youkounkoun) et par des séries subhorizontales non métamorphisées s'étendant à l'Est et à l'Ouest, de part et d'autre des Bassaris (Mali-Ségou-Madina-Kouta).

Le groupe paléozoïque, repose en discordance de ravinement sur les formations archéenne et protérozoïque avec un conglomérat à la base ; il comprend les dépôts gréseux azoïques de l'ordovicien, des schistes à graptolites du silurien et les grès à brachiopodes du dévonien.

Les fossiles rencontrés en divers points d'affleurement des dépôts siluriens et dévoniens du bassin de Bowè ont permis de les dater avec une précision suffisante.

Les intrusions mésozoïques, sont représentées par les roches basiques et ultrabasiques (Dunites, péridotites, pyroxènites, et gabbros) de la presqu'île du Kaloum, du Kakoulima et du Cap Verga et les syénites néphéliniques des îles de Loos. Elles constituent également de grands sills, dykes et laccolithes dans la partie centrale du plateau du Fouta Djallon. De là, elles apparaissent de moins en moins en direction de l'Est.

Les roches basiques en sills ou filons liées aux venues Kimberlitiques de la zone Sud-Est sont à rattacher également à cette réactivation mésozoïque.

2.3. Contexte géologique régional

Les roches précambriennes de Guinée appartiennent à la partie Sud du Craton Ouest Africain, qui a été décrite sous la dénomination de « Ride de Guinée » (Cahen et al. 1984) ou de « Dorsale de Man » (Bessoles, 1977). Fig.1

A partir de particularités d'ordre géotectonique et sur la base de données géochronologiques, Bessoles (1977) a subdivisé la dorsale de Man en un « Domaine de Kenema-Man », à l'Est, et en « Domaine de baoulé-Mossi », à l'Ouest (fig.5).

Avec la Sierra Léone, le Libéria et l'Ouest de la Cote d'Ivoire, la Guinée se situe dans le domaine de Kenema-man. Celui-ci forme un craton archéen dont la bordure a été affectée par des évènements ultérieurs, au protérozoïque.

Le domaine de Kenema-Man peut être délimité comme suit (Bessoles 1977, Milesi et al. 1989) : à l'Est, par la faille du Mont Trou, de direction SO-NE et la faille de Sassandra, de direction N-S ; au Nord-Ouest, par la zone de Rockel-Kassila (le « Rockellien ») ; au Nord, par des sédiments de couverture post-orogéniques, d'âge protézoïque récent et paléozoïque, du bassin de Taoudéni.

Le noyau archéen du domaine de Kenema-Man est caractérisé par une association typique « granites-roches vertes » affectée par l'orogénèse libérienne. Les roches métamorphiques de faible degré du Birrimien du bassin de Siguiri dans le Nord-Est de la Guinée appartiennent au paléo protérozoïque.

Elles ont été plissées durant l'orogénèse éburnéenne. La zone de Rockel-Kassila a été affectée durant l'événement thermodynamique panafricain. Elle se poursuit de la Sierra Leone en Guinée, où elle est caractérisée, par des intrusions granitiques et gabbro, ainsi que par des roches subvolcaniques de composition rhyolitique.

Des sédiments de plateau d'âge protérozoïque récent et paléozoïque-cénozoïque du bassin de Taoudéni recouvrent le craton consolidé au Précambrien.

Éléments geotectoniques principaux du Craton Ouest Afrique
(d'après Bering D. et al., 1998) Fig. 1

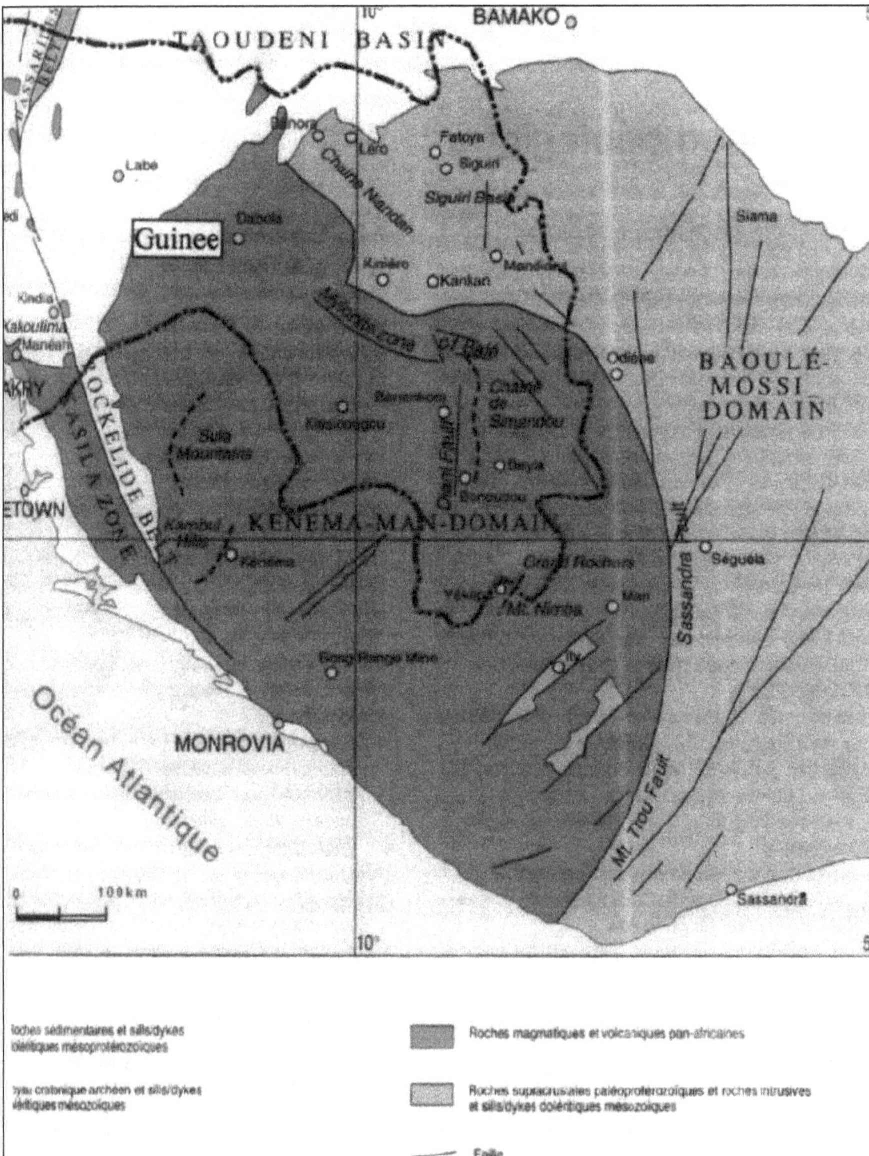

Carte des zones levées au 1/200000e
par les deux écoles URSS et BRGM (CPDM) Fig.2

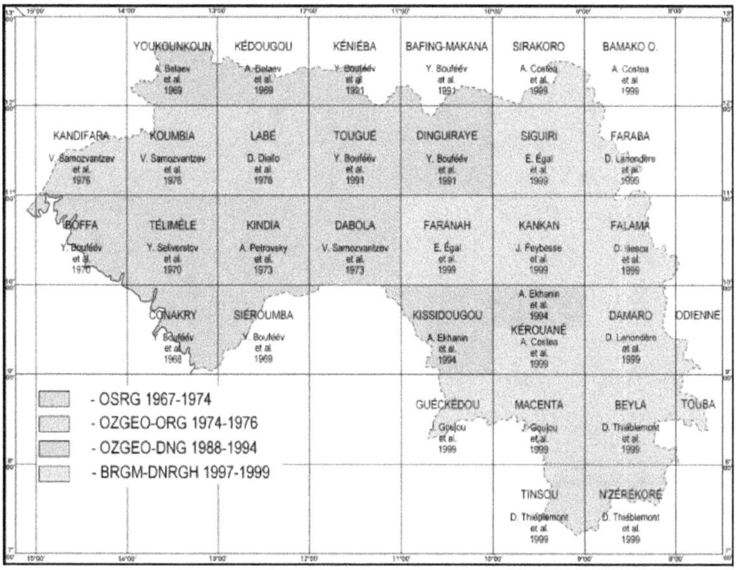

3. SÉQUENCES ET PRINCIPAUX RÉSULTATS DES TRAVAUX DE RECHERCHES GÉOLOGIQUES ET MINIÈRES

3.1. Sommaire

L'analyse des documents géologiques anciens et récents atteste aisément que d'éminentes personnalités du monde géo scientifique ont honoré la Guinée géologique de leurs expertises et études particulières.

En effet, depuis la fin du XIXème siècle, la Guinée a été la cible et le siège d'intenses activités de recherches géologiques et minières, menées à diverses échelles et en divers points du pays ayant connu plusieurs séquences, et enregistré d'importants résultats. **Fig.2**

Les filons et placers aurifères, les pipes et placers alluvionnaires diamantifères, les plateaux bauxitiques et chaînes ferrifères seront les cibles privilégiées des équipes de recherches minières.

Globalement, les résultats des travaux ponctuels, d'inventaire minier et de cartographie menés au cours des deux périodes principales : coloniale et post coloniale se résument comme suit :

a) Période coloniale

Au départ, les travaux seront ponctuels entre 1900 et 1930 et axés sur la monographie essentiellement, à travers la description des cours d'eau et reliefs, les études spécifiques sur les latérites, les grès, les intrusions, les syénites néphéliniques et la région de Kankan Siguiri.

A partir de 1930 jusqu'en 1958, les levés cartographiques, menés exclusivement par le Service géologique d'AOF créé en 1908 à Dakar seront entrepris et aboutiront à l'établissement de treize-13- cartes géologiques à l'échelle 1/500000e couvrant la totalité de la Guinée, à l'exception d'une zone située à l'Est du Méridien 9°W entre les parallèles 8'30 et 10'Nord.

Conclusions

Les travaux de cartographie, n'ont pu aller au-delà de la reconnaissance, faute de fonds topographiques détaillés et parfois de photographies aériennes. Ils ont cependant permis, la publication de treize cartes géologiques, la mise en évidence des grandes structures ou signatures géologiques du pays (plan minéral) et dresser les premiers contours d'un potentiel minéral que l'on ne peut étayer à ce stade, faute d'études thématiques suffisantes, mais dont on perçoit déjà la taille et la diversité.

b) Période post coloniale

Apparaissant déjà comme un « ilot minier » par rapport à son environnement géographique, la Guinée fera de la recherche minière et géologique, un des axes prioritaires de son développement.

Dans ce cadre, d'importants programmes de recherches géologiques et minières seront mis en œuvre en vue de mieux appréhender le contour, la diversité et la taille de ce potentiel minier et dégager les grands traits structuraux.

Deux écoles URSS et France vont procéder à la cartographie au 1/200000e du pays respectivement pour 135 000km² et 110.000 km².

Les travaux ont abouti entre autres à :

- Déchiffrer et dans certains cas, réinterpréter la géologie, préciser davantage le potentiel minéral, l'âge de certaines formations et l'histoire géologique du pays ;
- Redimensionner l'aire géographique de certaines unités géologiques favorables à la recherche gîtologique ;
- Elaborer différentes cartes thématiques à 1/200000è et 1/500000è géo référencées à usage multiple intégrées au SIGM.

3.2. Chronologie et principaux résultats des travaux de recherches géologiques et minières

Il serait fastidieux d'établir une liste exhaustive de tous les travaux de recherches menés au cours du siècle dernier. Le document tentera néanmoins d'aborder ceux dont les « signatures » sont restées profondes dans les « assises du socle et de la couverture ».

3.2.1. Période coloniale – 1900 – 1958

Dans le domaine de l'infrastructure géologique, les recherches ont été jusqu'en 1930 ponctuelles avant qu'elles ne soient systématiques à partir de cette date.

a) Recherches ponctuelles – 1900 – 1930

Les principaux travaux menés à cette époque des précurseurs ont été focalisés dans l'ensemble sur la monographie à travers la description du relief et des cours d'eau, les études sur les latérites, les grès, les intrusions, les syénites néphéliniques et la région de Kankan – Siguiri.

Dans une suite chronologique, on peut retenir les séquences suivantes :

- **1900 - 1905 :** Mâchât fait la description des cours d'eau et du relief. Il fait une thèse sur le Fouta et les territoires adjacents de l'Ouest.
- **1905 – 1918 :** A. Lacroix fait de remarquables études sur les roches intrusives proches de Conakry et en publie les observations dans « les roches éruptives basiques de la Guinée Française ». Il étudie les syénites néphéliniques des Iles de Loos et leurs minéraux.
- **1912 :** Hubert étudie la région de Siguiri – Kankan – Kouroussa.
- Par de grands itinéraires, il a le mérite de mettre en évidence les premiers traits structuraux de cette région en individualisant, notamment sur le socle granito-gneissique, la série des schistes et des quartzites redressés auxquels seraient liés les principaux gisements d'or de la région.
- **1918 :** J.H. Sinclair étudie les grés de la Région de Gaoual – Labé et en établit la base stratigraphique grâce à la découverte des premiers graptolites de ces faciès.
- **1927 :** Lenoble précise les grands traits de la Régions de Kankan – Kouroussa – Siguiri et signale l'importance de l'extension des diabases du Fouta et les phénomènes de contact.

Conclusion

Les travaux ponctuels des précurseurs axés généralement sur les régions d'accès facile (la côte) ou soupçonnées de receler « du trésor caché » (Kankan – Kouroussa – Siguiri) ont permis néanmoins de dresser les premiers traits de la géologie vierge du pays et d'en confirmer la vocation minière.

b) Travaux de cartographie

Créé en 1938 à Dakar, le Service Géologique d'AOF sera le principal auteur du programme de cartographie entrepris sur la quasi-totalité des colonies Ouest africaines françaises d'alors.

Menés entre les années 30 et 58, les travaux de ce vaste programme de cartographie ont conduit à l'établissement de 13 cartes géologiques à l'échelle 1/500 000ème couvrant la totalité de la Guinée à l'exception d'une zone située à l'Est du méridien 9 W entre les parallèles 8/30 et 10'N.

Chronologie des travaux menés sur l'Est : (1931-1945)

Ainsi :

1931 – 1949 : Gouloubinov – A. Chermette – J. Obermuller – M. Lamotte – Couture, effectueront d'importants travaux qui auront contribué à éclaircir l'histoire de la Géologie de la Région Orientale du Pays et d'appréhender grossièrement l'étendue du potentiel minéral.

1931 – 1935 : Gouloubinov reprend l'étude de la région de Siguiri – Kankan – Kouroussa où il précise la géologie de cette région et dresse les distinctions qui seront apportées dans les granito-gneiss du socle notamment entre ceux du domaine Libérien et ceux de l'Eburnéen.

1933 – 1938 : J. Goor et A. Obermuller établissent aux termes de leurs travaux en Guinée Forestière, les premières cartes de cette région et en tracent les grands traits structuraux. A. Obermuller signale par ailleurs le prolongement vers le Nord-Ouest, de la structure des roches vertes de l'axe structural de la chaîne du Simandou.

1942 – 1945 : M. Lamotte, et à partir de 1949 R. Couture, étudient respectivement l'extrémité orientale de la Région Forestière et les extensions de celle-ci vers le territoire voisin de la Côte d'Ivoire. Deux courants vont naître après les publications des cartes forestières :

Le premier soutenu par A. Obermuller, prétend qu'aucune discordance n'a été observée à l'intérieur des formations plissées métamorphisées, le second, défendu par R. Roques, soutient l'existence d'une discordance de la série antécambrienne du Simandou sur les gneiss de Guinée qui correspondent au socle archéen.

1943 – 1945 : A. Chermette s'intéresse en particulier à la chaîne du Niandan-Banié et focalise ses études sur les filons aurifères dont plusieurs furent mis en évidence. Il a le grand mérite également de tracer les limites entre les roches vertes et les phyllades encaissantes.

Travaux à l'Ouest 1931-1957

J.H. Sinclair – E. De Chetelat – Nikles – Delaire – Lenaud – J.P.M. Arnould-J. P. Bassot et bien d'autres seront les principaux signataires de résultats des travaux réalisés dans le domaine de l'établissement de l'infrastructure géologique de cette région.

Les latérites, les bauxites, le bassin de Bowé, les grandes lignes de la stratigraphie seront les cibles privilégiées des études.

Ainsi :

1931 – 1939 : E. De Chetelat, sur la base des premières observations de J.H. Sinclair, établit les grandes lignes de la stratigraphie de la Guinée Occidentale. Il attire l'attention sur le développement considérable dans les Bowé de la bauxite d'origine latéritique.

1934 – 1939 : M. Nikles complète les itinéraires de E. Chetelat et de R. Gouloubinov et permet ainsi la publication des cartes recouvrant le socle archéen de la partie centrale de la Guinée.

1941 – 1951 : Délaire étudie la région comprise entre Conakry et Kindia. Il y fait d'intéressantes observations qui seront exposées par L. Renaud et J.P. La Joinie après sa disparition prématurée.

1957 – 1960 : Sur la base des travaux des compagnies pétrolières qui s'intéressent aux bassins de Guinée et du Sénégal, M. Arnould Ayme et Guillaume publient une nouvelle stratigraphie des séries primaires au Nord du Fouta Djallon où les stromatolithes et les oncolites ont été définis comme base de l'Infracambrien.

Cette base est surmontée en concordance apparente par une série débutant par une tillite choisie provisoirement comme limite inférieure du Cambrien mais dont l'existence avait été pressentie par Furon dès 1943.

Conclusion

Les levés géologiques effectués pendant la période coloniale – **Fig.3** n'ont pu aller au-delà du stade de la reconnaissance. Ces levés effectués au 1/500 000 auront néanmoins le grand mérite de :

- Publier treize cartes à l'échelle 1/500 000 ;
- Dresser ou redéfinir le socle granito-gneissique ;
- Etablir la stratigraphie de la Guinée Occidentale ;
- Emettre des hypothèses notamment sur l'existence ou non d'une discordance antécambrienne du Simandou sur les gneiss ;
- Emettre des hypothèses sur l'origine des péridotites du Kakoulima et leur relation avec la presqu'île de Freetown ;
- Considérer la tillite comme point de repère pour la limite inférieure du Cambrien.

Ces différents résultats ont été d'une grande utilité pour les futurs travaux entrepris dans la région.

Carte des differentes feuilles géologiques de la Guinée(plan minéral Guinée) Fig. 3

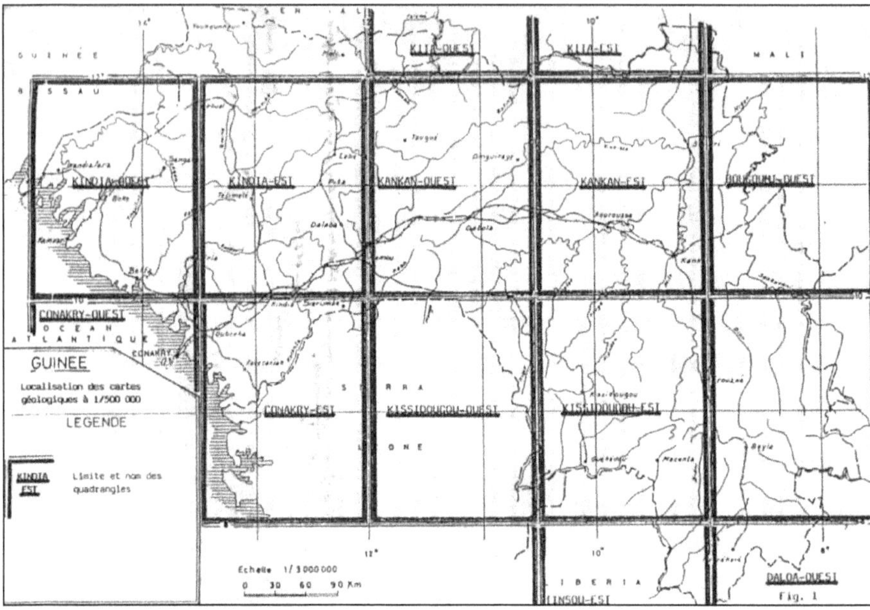

c) Recherches minières 1930-1958

L'orpaillage, traditionnellement effectué bien avant le VIIème siècle attira très tôt, au XIXème siècle, dans la zone du Nord-Est, plusieurs Sociétés et Responsables Administratifs coloniaux.

L'or, le diamant, la bauxite ont été les cibles privilégiées auxquelles il faut ajouter le fer, le manganèse et le graphite. Ainsi entre 1930-1958, l'activité de recherches minières se situera principalement autour de l'or, de la bauxite, du diamant et du fer. **Fig.4**

Le Bureau Minier de la France d'Outre-Mer (Bumifom) créé en 1948 à Dakar, et les sociétés minières privées seront les principaux acteurs sur le terrain.

Nous en dressons la synthèse des principaux résultats acquis :

L'Or

C'est le Bumifom, sur les traces d'A. Chermette, qui organise des travaux de reconnaissance sur les indices d'or du Niandan-Banié. Ces travaux qui comprenaient des tranchées, puits, galeries et sondages aboutiront en 1958 à la mise en exploitation de la mine de Banora – (Dinguiraye).

Des travaux similaires seront organisés à Siguiri – Kouroussa – Fitaba par la Direction des Mines d'Afrique Occidentale et le Bumifom. Ces travaux contribueront à améliorer les données sur les indices signalés essentiellement par A. Obermuller et Chermette.

Au terme des travaux, Niandan-Banié-Siguiri-Fitaba et la Guinée Forestière (gala) ont été retenus comme districts aurifères de Guinée. (Siguiri et Niandan-Banié en seront les principaux).

Le Diamant

Découvert par Dermody en 1932 pendant qu'il remontait le cours de la Makona et confirmé par J. Goor pendant le levé de reconnaissance de la Guinée Forestière, le diamant attire plusieurs Compagnies dans le triangle utile de Békima. La Guinée du Nord-Ouest a été également l'objet de travaux ponctuels, où des pierres isolées ont été trouvées notamment à Gaoual- Forécariah et Youkounkoun. Les résultats des travaux ont conduit notamment dans le triangle Beyla Kérouné Macenta aux premières activités d'exploitation.

Le Graphite

Le graphite de Lola a été signalé par Goor en 1955 et prospecté par le Syndicat Ordia puis Bumifom en 1959 – 1961. Les travaux ont conduit à la mise en évidence des réserves de 11300 tonnes avec une teneur limite de 80% et un rendement moyen d'une tonne de graphite pour 15 m3 de minerai.

Le Manganèse

Le manganèse de la rivière Mayonnkouré à Kindia rattaché aux fissures dans les grés de la suite Pita, a été signalé par Julian en 1929 et prospecté par Guilbert en 1956.

La Bauxite

Signalée depuis la fin du XIXème siècle, la bauxite n'a fait l'objet de demande de concession qu'en 1933 par la Société des Bauxites du Midi – (Kassa et Tamara). Depuis, Ugine et Péchiney conjointement en 1942 et la Compagnie du Midi soumettront le pays à un vaste programme de recherche dont les travaux permirent, d'une part de cerner diverses régions bauxitiques et d'autre part, de prendre la décision de mise en exploitation du gisement de Fria.

Les travaux dans l'ensemble ont abouti à identifier et à cerner pratiquement la province bauxitique du Nord-Ouest. En effet, tous les gros gisements ont été mis en évidence et étudiés avec des mailles de reconnaissance de 600mx600m, 800mx800m et 300mx300m.

Le Fer

Les travaux menés essentiellement par la Compagnie Minière, la Direction des mines de l'AOF et le Bumifom ont été axés principalement sur les gisements de fer :

1. Du Kaloum, auquel on s'est intéressé dès 1904 et qui a fait l'objet de travaux de sondage de 1914 à 1922.
2. Des monts Nimba et du Simandou signalés par Julian dès 1931, étudiés en 1959 par le Bumifom et Lunderg et la direction des mines de l'AOF.
3. Les gisements de fer du Yomboéli à Forécariah.

Par ailleurs, les travaux d'inventaire ont été également réalisés sur d'autres substances notamment les sables noirs en 1955 et 1956 par H. Erhard.

Carte de localisations des minéralisations étudiées de 1930-1959 (plan minéral Guinée) Fig. 4

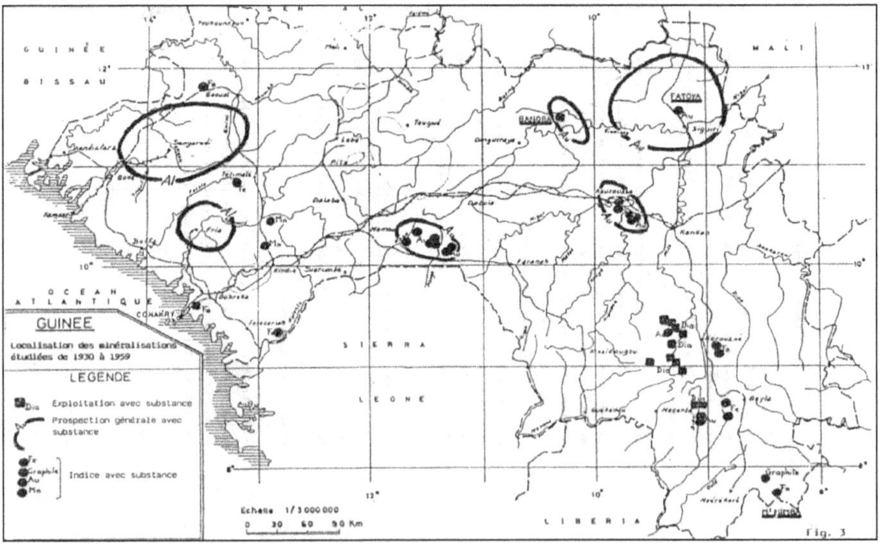

3.2.2. Période après l'indépendance

La Guinée fera du secteur minier un des leviers de son développement économique. D'importants programmes de recherches géologiques et minières seront conçus et mis en œuvre à cet effet.

3.2.2.1. Infrastructures géologiques

La Guinée, 9 ans après son indépendance, mettra en œuvre un vaste programme de cartographie du territoire national à l'échelle 1/200 000 réalisé par deux écoles : l'une soviétique et l'autre française.

La première école a couvert 135000km2 levés à 1/200 000 ayant conduit à l'établissement de 14 cartes géologiques, 13 notices explicatives et 13 cartes de minéraux utiles.

La deuxième, a levé 110 000km2 à 1/200 000 cofinancé par la Banque mondiale et la coopération Française. Ce levé a été précédé par un levé géophysique aéroporté de 75 000 km².

a) Ecole URSS

Deux grandes périodes caractérisent la période d'exécution du programme de cartographie et d'inventaire à 1/200.000 :

1967 – 1976

1988 – 1994

Séquence de 1967 – 1976

Pendant 10 ans, des équipes Soviétiques et Guinéennes réaliseront le levé cartographique de la partie occidentale du territoire à l'échelle 1/200 000. Les travaux d'une très grande densité ont conduit à des résultats très fiables.

En effet, ces travaux menés suivant les règles de l'art, et pour un coût de 11 millions de roubles d'alors ont permis la couverture à cette échelle de 90 000km2 du territoire national.

Au-delà d'une lecture relativement rendue aisée de la géologie de cette région, les résultats ont abouti à :

- L'établissement de 10 cartes géologiques,
- L'établissement de 10 cartes de minéraux utiles,
- La rédaction de 10 notices explicatives très détaillées totalisant 2 250 pages et renfermant de remarquables schémas géomorphologiques et tectoniques à 1/500 000 de la zone.

Séquence de 1977-1988

1977 – 1988 Elle est considérée comme une période « morte ». En effet, en dehors d'une tentative de lever de 3 210km2 de la feuille Tougué, aucun programme de cartographie véritable n'a été entrepris durant cette période.

Séquence de 1988-1993

1988 – 1993 Soucieux de poursuivre le programme d'établissement de l'infrastructure géologique du pays, base de toute connaissance géologique, et de réduire la dépendance de notre économie vis-à-vis de la seule bauxite aux fluctuations hors contrôle, l'Etat, 10 ans après l'interruption des travaux de cartographie, relance un nouveau programme en 1988 avec toujours le même partenaire, l'URSS.

Pour un coût total d'environ 11 millions de roubles, ce programme exécuté par des équipes conjointes Soviétiques et guinéennes assurera la couverture de 45 000km à 1/200 000 des feuilles Tougué-Dinguiraye – Kissidougou – Kérouané (Centre Nord et Est). Les travaux ont conduit aux résultats suivants :

- L'établissement de 4 cartes géologiques
- Trois (3) cartes des minéraux utiles
- Trois (3) notices explicatives très détaillées accompagnées de coupes et de schémas géomorphologiques

Conclusion

La somme des données cumulées au cours de cet important programme de cartographie constitue une excellente base de référence non seulement pour la compréhension et l'interprétation des formations du socle et de la couverture mais aussi et surtout d'orientation dans la recherche minière.

Carte des zones levées au 1/200000 par l'URSS Fig. 5

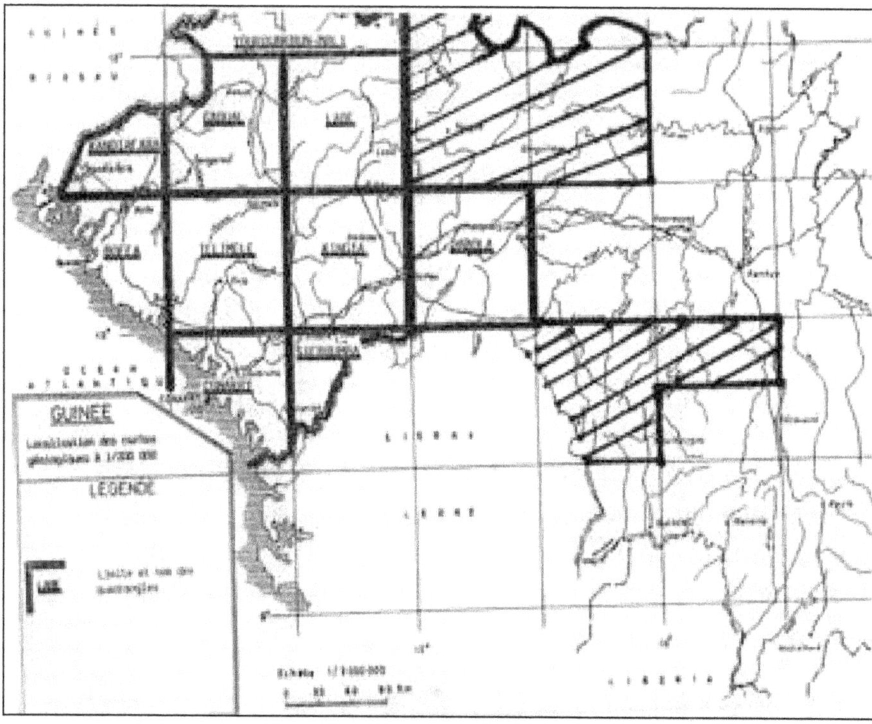

b) École France - BRGM

Le programme du Nord Est a été financé conjointement par la Guinée, la Banque Mondiale et la Coopération Française. Pour chacune des huit feuilles les produits suivants ont été livrés :

- Une carte géologique
- Cinq cartes thématiques comprenant :
- Infrastructures ;
- Géologie structurale ;
- Indices et gisement industriel ;
- Gîtologie prévisionnelle ;
- Deux cartes géophysiques : radiométrie et champ magnétique total ;
- Une notice explicative.

Quant au livrable SIG, deux copies numériques des cartes ci-dessous mentionnées ont été livrées. Egalement, deux copies de banque de données : « géologie, indices et gisements minéraux métalliques et industriels », une édition électronique de l'ensemble des documents numériques sous forme de **CD-ROM.**

Quant au programme du Sud-Est financé par la Coopération Française, les produits ci-après ont été livrés pour chacune des quatre feuilles :

- Une carte géologique et des minéraux utiles et une notice explicative ;
- Aussi, ont été livrées pour l'ensemble des zones Nord-Est-Sud-Est ;
- Une carte gîtologique prévisionnelle ;
- Une carte géologique de synthèse à 1/500 000 et :
- Une carte de gîtologie prévisionnelle à 1/500 000 englobant les deux zones Nord-Est-Sud-Est) et une notice ;
- Deux cartes géophysiques à 1/500 000è du Sud-Est

3.2.2.2. Autres travaux d'infrastructure géologique

Parallèlement à ces différents programme de cartographie, plusieurs autres programmes de recherches géologiques et minières ont été conçus et mis en œuvre avec ou sans assistance étrangère.

Il s'agit entre autres de :

a) Travaux géophysiques aéroportés

Les travaux menés par Géo Survey ont duré 20 mois allant de septembre 1979 à avril 1981. Ils ont couvert la quasi-totalité du territoire national à l'exception de 15 000km2 dans la partie Nord entre 11° et 13° latitude nord et 9° et 14° Longitude Ouest. Une interprétation des images Landsat a été entreprise. Les résultats des travaux ont permis de :

- Dégager plusieurs grands accidents affectant le socle en profondeur à l'Est du pays.
- Tracer les principales structures annulaires qui avaient jusqu'ici échappé à l'observation.
- Souligner plusieurs « zones de fractures » et présenter une liste très complète des possibilités minières de la Guinée sur lesquelles il importe d'organiser des travaux de certification.

Parmi ces points indiciels il faut noter Firawa et Damaro comme zones anomales d'intérêts pour l'uranium.

b) Projet Gravi Guinée

De Janvier à mars 1987, le gouvernement Guinéen a initié sur la base d'un financement de la défense Mapping Agency (D.M.A.), un projet intitulé : projet Gravi Guinée.

Il s'agit d'obtenir la valeur de gravité en 737 points en vue de préciser :

- La géométrie des structures géologiques profondes,
- L'extension latérale possible du bassin Bowé sur le plateau continental,
- La zone de transition croûte continentale – croûte océanique caractérisant la marge atlantique,
- La signature géophysique et le rôle des grandes zones de fractures de Guinée,
- L'établissement de la carte des anomalies de Bouguer.

3.2.2.3. Inventaire Minier

Les travaux furent multiples et variés, systématiques ou ponctuels, orientés dans la perspective d'élargir la base minérale du pays et de réduire la dépendance de l'économie nationale vis-à-vis du couple bauxite -alumine dont les fluctuations sont imprévisibles.

Dans ce cadre les travaux ci-après ont été entrepris :

- Inventaire des ressources minérales au 1/200 000,
- Développement minier,
- Prospection radiométrique et géochimique,
- Prospection uranium,
- Projet guinéo-allemand : à 1/500 000 d'inventaire de la Guinée Orientale,
- Travaux de géophysique aéroportée AERODAT –HIGH SENSE.

Inventaire systématique

Il fut mené simultanément avec les travaux de cartographie du territoire national à l'échelle 1/200 000 de **1967** à **1976** puis de **1988** à **1993**.

Cette simultanéité d'exécution des programmes d'inventaire et de cartographie fait l'originalité de la méthode Soviétique en matière de recherches et cartographie.

Les travaux ont conduit en effet à cerner pratiquement les contours du potentiel minéral des zones levées au 1/200 000ème.

Ainsi, schématiquement, l'Ouest est occupé quasi sans partage par la bauxite tandis que les zones du centre Nord et du centre sont principalement aurifères et/ou diamantifères et ferrifères.

A ce substratum de gisements, se greffe un cortège d'indices tels que : les sables noirs renfermant le titane, le calcaire et les auréoles de métaux de base.

Aux termes des travaux de ces deux principales séquences, 13 cartes de minéraux utiles à l'échelle 1/200 000 ont été établies ainsi que des fiches techniques pour tous les indices et anomalies découverts ou reconnus.

Projet développement minier

1987 – 1989 : Le groupe Sidam Minorex sur la base d'un financement de la Banque Mondiale, sera l'Opérateur d'un projet de travaux de recherches et d'inventaires de l'or, du diamant et des métaux de base dans les préfectures de Mali-Forécariah-Kissidougou-Macenta et Mandiana.

D'intéressantes zones indicielles ont été répertoriées sur lesquelles les travaux de certification méritent d'être entrepris.

Le rapport final signale plusieurs secteurs d'intérêt minier notamment à :

Forécariah où un sérieux indice de sulfure massif a été décelé par les travaux de géophysique et de géochimie, et à Mandiana où 15 cibles aurifères ont été identifiées.

Prospection radiométrique

1974 – 1975 : Une mission japonaise effectue une vaste campagne de prospection radiométrique et géochimique du Centre et de l'Est de la Guinée.

Des secteurs d'intérêt seront délimités dans les régions de Tougué Dinguiraye-Dabola-Kankan-Beyla et Nzérékoré.

Prospection pour l'uranium

1977 : Un consortium formé par COGEMA(France) PNC- (japon) et AGP (Italie) entreprend, sur la base du rapport de la mission japonaise de 1974-1975 une prospection pour l'uranium au Nord du pays, précisément entre 11° et 13° de latitude Nord, 9° et 14° de longitude Ouest. **Fig.6**

Une carte géologique de synthèse est publiée en 1980 et 18 anomalies notées dans la série gréseuse de Ségou – Madina-Kouta, qui sont reconnues sans résultats économiques par 1200m de sondages.

Schéma des différentes zones levées au 1/200000è de la Guinée Fig. 6

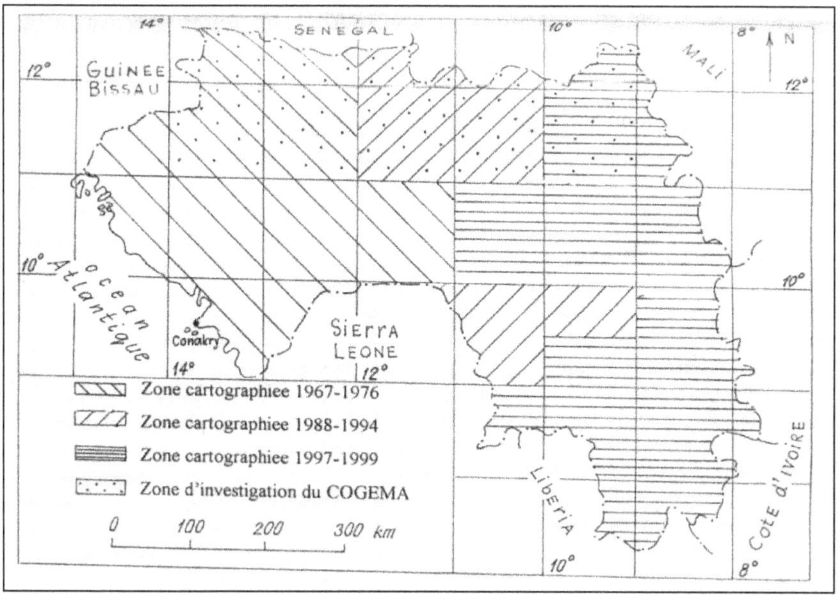

Projet d'inventaire et d'évaluation du potentiel minéral de la partie orientale et des formations précambriennes occidentales – 1/500 000

Ce projet financé par la coopération allemande a visé la compilation des données sur les minéraux utiles et à faire l'évaluation de certains gîtes de la région. **Fig.7**

Les travaux ont été sanctionnés en juin 1997 par l'établissement d'une carte géologique à 1/500 000è, une carte des gisements et indices d'intérêt déjà connus ou révélés par le projet, et une fiche technique des gisements et indices établie en vue de la promotion minière.

Les travaux ont produit (rapport Brinckeman – 1997) :

- Une banque de données des indices et gisements, inventoriés (excepté la bauxite et le fer);
- Une carte géologique du pays à 1/1000 000 ;
- Une carte géologique à 1/500 000e des zones étudiées ;
- Une carte de gîte et indices minéraux du pays au 1/100 000 ;
- Une carte géologique et gîtologique de l'Ouest de l'Afrique au 1/2000 000.

Ces différentes cartes disponibles en plusieurs exemplaires au CPDM donnent une vue d'ensemble de la géologie et de la distribution des indices et des gîtes minéraux du pays et constituent une nouvelle base pour la compréhension ou parfois la réinterprétation de la géologie de la Guinée. Les datations faites ont conduit en effet, à la modification de certaines aires d'extensions initiales des formations géologiques (l'archéen, le protérozoïque inférieur).

Carte géologique et de minéralisations de la Guinée (Brinkman) Fig. 7

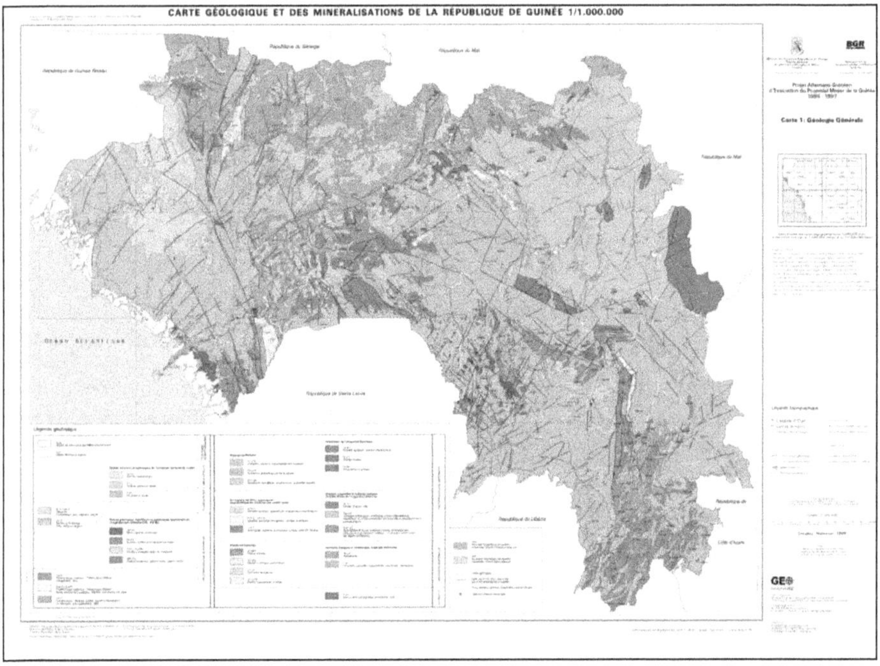

Travaux Aérodat – HIGH SENSE – 1997

Près de 80.000 km de lignes du Nord-Est ont été couvertes par Aérodat et les travaux furent compilés par High Sense dans le cadre du Projet de Promotion de l'investissement dans le secteur Minier (1997). Ce programme a précédé la cartographie géologique, et les cartes ci-après ont été produites pour chacun des huit degrés carrés du Nord-Est (Rapport final High Sense Nord-Est. **Fig.8.**

- Carte de magnétométrie comprenant : le champ magnétique total résiduel et le champ magnétique réduit au pôle ;
- Carte du dérivé vertical réduit au pôle ;
- Carte du signal analytique du champ magnétique ;
- Carte magnétique du champ total ;

- Carte ternaire des radios éléments ;
- Carte du taux d'absorption dans l'air ;
- Carte du potassium ;
- Carte de l'uranium ;
- Carte du thorium ;
- Carte Th/K ;
- Carte U/K.

Toutes ces cartes existent et sont disponibles au CPDM en dix exemplaires pour chacune des huit feuilles du Nord-Est au 1/200 000.

Par ailleurs, chacune des douze cartes existe en cinq copies à l'échelle 1/500000.

Portée des travaux

L'objectif de cette géophysique aéroportée était de faire une cartographie des minéraux magnétiques et radiométriques du sol pour que les données puissent par la suite être interprétées en termes de profondeur, de géométrie et de susceptibilité magnétique et radiométrique des corps causant les anomalies respectives **(Fig.4).**

Le levé magnétique ne fonctionne donc qu'en présence de contrastes magnétiques et ne permet pas toujours de reconnaître les changements structuraux importants touchant certaines formations homogènes ou faiblement magnétiques.

Cependant, les levés magnétiques peuvent détecter des contrastes que la cartographie géologie conventionnelle ne peut détecter comme par exemple dans les régions où il y a peu ou pas d'affleurements. C'est le cas de la Haute Guinée où la forte latérisation empêche d'observer directement le sol rocheux.

L'interprétation des données magnétiques peut faire ressortir les unités magnétiques et non magnétiques, les plis et les failles mettant en cause certaines roches ignées métamorphiques et sédimentaires et les intrusions (Pierre Keating – CGC – 2000).

Sur cette base, une carte de favorabilité des gisements latéritiques d'or de la zone levée a été élaborée par la Commission Géologique du Canada.

Champ magnétique total résiduel réduit au pôle de la zone à lever
(Commission Géologique du Canada) Fig. 8

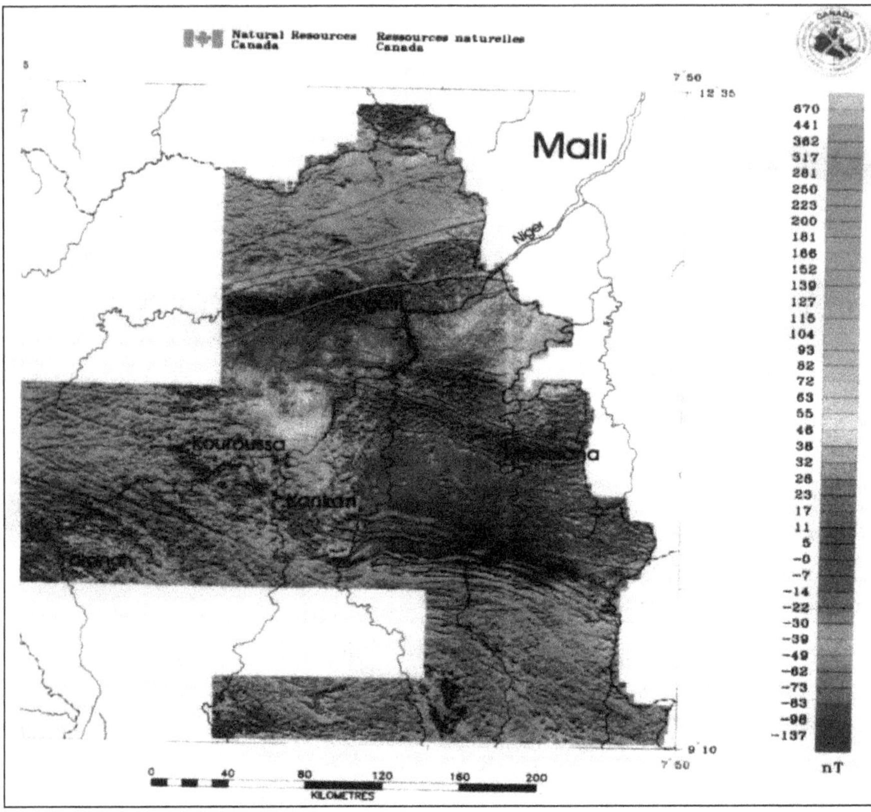

Conclusions générales - Infrastructure Géologique au 1/200000

Deux organismes géologiques s'arrogent la paternité de la couverture cartographique du pays. Le premier, soviétique a le mérite d'avoir initié et financé la couverture cartographique de 135.857 km2 à 1/200 000 et soumis la zone levée à un balayage systématique au plan inventaire minier. L'originalité de cette école réside dans la simultanéité de la recherche et de la cartographie à la même échelle. Cependant, les produits issus de cette école ont été fournis uniquement sur papier limitant du coup leur utilisation et leur mise à jour. Le deuxième, français, a l'avantage d'avoir couvert avec des moyens techniques sophistiqués 110.000 km2. Ici, toutes les cartes ont été numérisées intégrées au SIGM et fournies sous format CD-ROM. Cependant, la zone levée n'a pas été soumise à un inventaire minier dynamique systématique et simultané avec la cartographie.

De ce constat, découle la nécessité de procéder à une harmonisation des produits des deux écoles afin de faciliter d'une part la lisibilité, et d'autre part le calage géochronologique de la carte géologique du pays.

4. SINGULARITÉS ET CONTOURS DU « SCANDALE GÉOLOGIQUE » GUINÉEN

Nous prenons la liberté de nous exprimer d'une part, sur la valeur et la portée dimensionnelle du terme « la Guinée est un scandale géologique », et d'autre part, sur la pertinence et les limites de son usage. L'exercice, tente de fixer et de rappeler le contexte initial du terme, avant de dresser modestement quelques singularités thématiques liées aux unités géologiques, et aux époques métallogéniques.

Rappel du contexte initial d'usage du terme

Dr Caponna, Ingénieur de la société Tractionnel aurait,(Traoré Ingenieur géologue) employé ce terme de scandale géologique dans les circonstances et contexte suivants : 1970, la Société Tractionnel réalise dans la partie Guinéenne du Mont Nimba des travaux de recherches géologiques et minières. Docteur Caponna est fasciné et dépassé la singularité de l'environnement géologique, la qualité et la quantité exceptionnelles du minerai de fer affleurant. Traduisant son sentiment, et résumant ses observations, l'expert s'exclame en ces termes : « il y a du fer, on ne sait quoi en faire : c'est un scandale géologique ».(Traoré Ingenieur géologue projet Nimba)

Depuis, ce constat fera date dans l'histoire promotionnelle du secteur minier guinéen. En effet, à l'origine, axée sur le gisement de fer du Nimba, cette notion connaitra une mutation trans-guinéenne, allant depuis les hauteurs du Nimba jusqu'à celles du Badiar et du géologue au promoteur minier en passant par le politique.

4.1. Singularités d'une géologie fertilisante

Principaux gisements de minéraux utiles de la Guinée réserves et ressources totales

Principaux minéraux utiles	Total réserves + Ressources
Bauxites	**41 Gt**
Minerais de fer riches à hématite-goethite, latéritiques, - Dérivant de la formation BIF - Dérivant des ultrabasites du massif de Kaloum	**>15 Gt** **~7 Gt**
Minerais de fer primaires à magnétite (quartzites ferrugineux)	**>10 Gt**
Diamant	**~17 M carats**
Or	**>700 t**

Le potentiel minéral de la Guinée que l'on assimile à un scandale géologique est le résultat d'une fertilisation croisée d'une géodynamique interne et externe hautement porteuse.

En effet, loin d'être une création spontanée, encore moins un accident fortuit, ce bâti minéralogique de la Guinée ne saurait être un monstre gîtologique défiant les règles et lois consensuellement admises de la géoscience. C'est une anomalie qui s'inscrit dans la normalité évolutive de faits géologiques multifactoriels survenus au cours des époques géologiques.

Les époques géologiques et provinces métallogéniques ont été marquées par des singularités caractérisées par des différences d'intensité ou de taille entre unités géologiques homologues d'une part, et entre gisement de même nature d'autre part.

Nous tentons d'en dresser quelques-unes qui nous paraissent majeures :

4.1.1. Apports différentiels des époques minéralogéniques

Le destin du potentiel minéralogique de la Guinée s'est joué au cours des grandes époques métallogéniques suivantes :

a) L'archéen, suite à l'accrétion magmatique intervenue à 3550 Ma, la formation des Grabens découlant de la mise en place des bassins intercontinentaux intervint. Pendant que l'atmosphère s'enrichit d'oxygène, modifiant ainsi le PH, la précipitation du gèle silico-ferrique et de son dépôt dans les sillons du Nimba et du Simandou préalablement formés s'opèrent à l'abri de tout apport terrigène. Les gisements du Nimba et du Simandou sont les produits de cette première séquence couvrant la période de 2615-2020 Ma.

b) Au paléo protérozoïque, la séquence sera caractérisée par le cycle éburnéen pour l'or et les métaux de base. Ce cycle couvre une période totale de 150 Ma. S'agissant du cycle aurifère qui marque particulièrement le protérozoïque Guinéen, deux périodes métallogéniques majeures l'ont caractérisé : la première correspond à des minéralisations contemporaines du dépôt des ensembles B1 et B2, une période de 40ma au cours de laquelle deux épisodes séparés par une tectonique collisionnelle D1 sont signalés. La seconde a des minéralisations discordantes en relation avec des accidents cisaillant des phases de déformation tardi-orogéniques D2 et D2 associées à des filons de granitisation. Cette seconde phase aura joué le rôle prépondérant à l'échelle du bassin grâce à ses systèmes de failles conjuguées auxquelles sont associées des veines Stockwerk et résilles de quartz ou albite associée à une altération persuasive à pyrite carbonate (chronique BRGM N° 497). Cependant, sur l'origine de l'or, des hypothèses sont avancées par les auteurs et portent sur trois sources possibles :

- Une mobilisation de l'or dans le socle cristallin ;
- Une mobilisation enrichie dans les turbidités ;
- Une mobilisation à partir des complexes Birrimiens.

Dans ce dernier cas, le magmatisme tardi-tectonique et le système hydrothermal qui lui **est** associé, est rendu responsable de la mobilisation de l'or en trace dans les massifs Birrimiens et l'aurait concentré dans les zones « d'accueil » représentées par les zones tectoniques favorables, principalement les zones de cisaillement. De façon générale on distingue dans le bassin de Siguiri les :

- Filons aurifères et Stockwerks aurifères à sulfures (Gobélé, Banora, filon bleu) ;
- Stockwerks feldspathiques (Léro et Sannu Tinti) ;
- Imprégnations de sulfures aurifères (Missa mana).

c) Paléozoique-Mesozoïque, A partir de cette période du paléo protérozoïque, le pays entre dans une phase métallogénique ''calme''. Cependant le mésozoïque qui marque l'ouverture de l'océan atlantique sera marqué par la mise en place des complexes basiques et ultrabasiques qui sont a priori susceptibles de renfermer des minéralisations diverses telles que nickel, cuivre, chrome, cobalt et diamant signalées respectivement dans le Kakoulima et dans le triangle utile du Sud-Est. Aussi, les dolérites qui occupent de larges surfaces dans l'Ouest du pays constituent avec les syénites, les roches-mères des gisements de bauxites. Mais avant, au paléozoïque, on assiste à la mise en place des formations schisteuses, co-principales roches-mères des bauxites dans le bassin de Bowé.

d) Au **cénozoïque,** la surrection épirogénique, la formation des blocs et de pénéplaines suivies de processus physico-chimiques liés aux actions météoriques, aux variations du niveau phréatique, à la géomorphologie, à l'évolution géochimique du substrat originel, et aux phénomènes de diagenèse des minéraux, ont conduit à « l'éveil métallogénique ayant favorisé la mise en place de l'important potentiel minéral bauxitique, de fabuleux gisements latéritiques de fer, d'or et de diamant.

Schématiquement, les phénomènes de genèse et d'accumulation de ces différents gisements mis en place au cours de cette période clé de l'ère métallogénique, peuvent être résumés comme suit :

Les phénomènes géodynamiques externes à grande échelle ayant affecté les épaisses formations lithologiques-mères des surfaces d'aplanissement, ont conduit entre autres à :

- Des concentrations du minerai de fer itabirique qui sont attribuables à des percolations oxydantes d'origine météoritiques ayant dissout la silice ;
- De fabuleux gisements de bauxites issus des phénomènes de lessivage et de drainage sous la bénédiction d'un climat et d'une géomorphologie solidaires, dynamiques et discriminants ;
- Des gisements secondaires d'or, de diamant et de sables noirs qui découlent globalement du même phénomène que celui des bauxites secondaires.

De l'analyse de ce constat, Il est aisé de comprendre que l'archéen, le paléo-protérozoïque, le mésozoïque et le cénozoïque ont différemment apposé leurs signatures minéralogiques au cadre géologique guinéen.

Ainsi, la lecture du tableau résumant le schéma grossier de l'évolution tectono-minéralogénique peut s'établir comme suit :

L'archéen finissant, et le protérozoïque naissant se partagent la paternité temporelle et spatiale du fer.

Cependant, les évènements éburnéens, l'activation mésozoïque et les processus supergènes du cénozoïque ont frappé l'espace et laissé des signatures minéralogiques respectives.

Tableau de l'évolution Tectono-minéralogénique de la Guinée
(Dr Ibrahima Sory N'Diaye)

UNITE	FORMATION	OROGENESE	ÉLEMENTS MINERALOGENIQUES PORTEURS	MINERAUX UTILES		NATURE ET NOMBRE DE PHASES CYCLIQUES
				Réels	*Possibles*	
Socle	Archéen	Leonienne Libérienne	Ceintures roches vertes	Fer, Or Graphite Gemmes	Nickel Platine Chrome	Archéen Birrimien Mésozoïque
	Paléoprotéro-zoïque Inférieur	Birrimiene	Roches vertes Komatiites Granodiorites	Or Calcaire	Plomb Zinc Cuivre Uranium	Birrimien Mésozoïque
Couverture	Paléoprotéro-zoïque Supérieur	Activation panafricaine	Rhyolites Pegmatites	Or Béryllium	Nickel Lithium Diamant Tantale	Panafricain Mésozoïque
	Paléozoïque		Schistes Grès	Diamant	Or Diamant Pétrole	Mésozoïque
	Mésozoïque	Activation Mésozoïque	Dolérites Péridotites Dunites Gabbros	Diamant Nickel Chrome Cuivre	Platine	Mésozoïque
	Cénozoïque		Latérites Roches Sédimentaires	Titane Or, Fer Diamant Bauxite Nickel	Pétrole	

Le protérozoïque inférieur s'arroge la double paternité spatiale et temporelle des légendaires filons aurifères de la haute Guinée. Cependant le mésozoïque et surtout le cénozoïque ont marqué leur passage enrichissant et fertilisant.

- Le cénozoïque, qui a ''frappé'' l'ensemble des espaces géologiques est marqué par une reprise d'enrichissement secondaire quasi généralisé des gisements primaires grâce aux processus supergènes. Il sert de clé de voûte au destin métallogénique du pays avec les gisements secondaires d'or, de diamant, et de bauxite.
- Le paléozoïque, et le mésozoïque qui affichent une discrétion métallogénique apparente, sont chacun porteur de roches-mères de ressources minérales. Le paléozoïque est porteur de schistes, roches-mères des gisements de bauxites. Quant au Mésozoïque, il est porteur de roches-mères de bauxites et de diamant (dolérites, syénite), kimberlites), des métaux ferreux tels que le fer, le nickel, le chrome du Kakoulima (dunite, péridotite, gabbros) et des métaux de base tels plomb, zinc, cuivre.

Ce schéma grossier qui dresse l'évolution métallogénique du pays (Fig. 9) reflète l'état actuel de nos connaissances. Il est certain que ce schéma recouvre une histoire plus complexe que nous percevons, mais que l'on ne peut étayer faute d'études géothématiques fines et poussées.

En effet, il est établi que pour un métal ou un minéral donné, certaines périodes ont un caractère gîtologique mieux marqué que d'autres. Il est cependant impossible d'affirmer pour le moment que la liste de ces périodes gîtologiques soit limitative. En effet, il existe certains gisements de minéraux utiles (mercure) pour lesquels les périodes gîtologiques demeurent peu ou mal maîtrisées et qui sont considérés comme des monstres gîtologiques.

Schéma minéralogénique de Guinée (lever géologique 1/200 000 URSS) Fig. 9

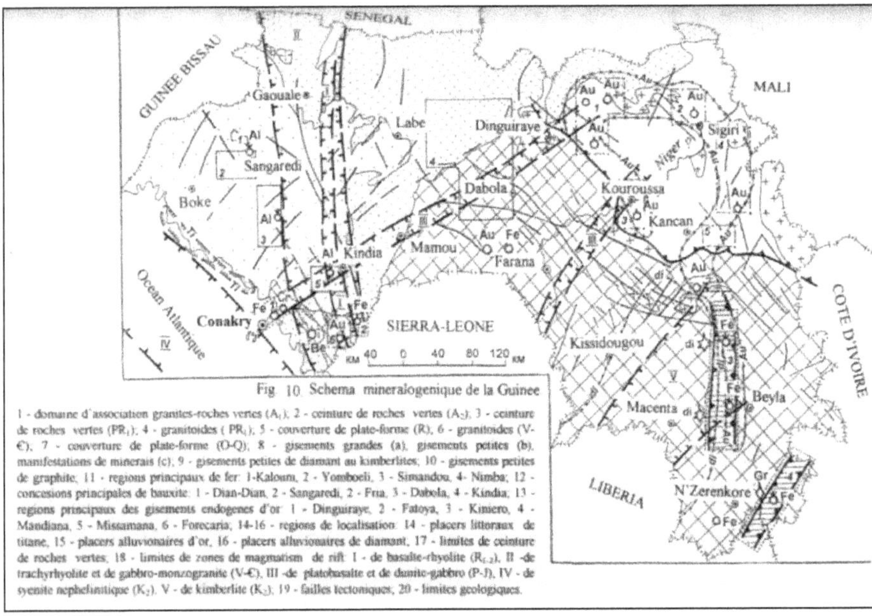

4.1.2. Quelques traits singuliers du cadre géologique guinéen

Un regard sur l'espace géographique et le cadre géologique de la Guinée permet de dégager quelques éléments particuliers qui ont chacun une relation directe ou indirecte sur le potentiel minéral du pays.

- L'histoire géologique de la Guinée est marquée par des orogenèses libérienne, éburnéenne, panafricaine et l'activation mésozoïque avec respectivement leur cortège de minéraux utiles.
- La Guinée a le privilège de co-abriter le mont Nimba dont le sommet 1752m est le plus haut de l'Afrique de l'Ouest.

- Les phénomènes hydrogéologiques issus de la conjonction des phénomènes géologiques, géodynamiques et climatologiques ont fait de l'espace géologique de la Guinée la source des principaux fleuves de la sous-région, ou le château d'eau de l'Afrique de l'Ouest, avec 1300 cours d'eau et un potentiel hydro énergétique de 6000 mégawatts et un potentiel agricole de 6000hectares de terres cultivables.
- Les récents travaux de cartographie ont confirmé la présence du noyau pré libérien considéré comme la base stratigraphique de la sous-région avec des terrains datés de 3,5 milliards d'années.
- Le phénomène de poly- cyclicité est à l'origine de la densification minérale différentielle des principales unités géologiques.

4.1.3. Différences de fertilité entre unités géologiques homologues

Les causes de différences entre unités homologues se situent à plusieurs niveaux.

Nous tentons d'en dresser quelques-uns :

a) Les niveaux des études thématiques

La différence dans la qualité et la composition des équipes de recherches et le niveau des études thématiques effectuées sur les unités homologues peuvent expliquer les causes des différences entre unités homologues. De nombreux paramètres dont la notion de la zone investiguée, la densité et l'échelle des travaux sont à prendre ici en considération.

Aussi, la fiabilité différentielle des données de base peut être à l'origine d'une différence dans l'obtention des résultats de recherche.

b) La relativité du principe de l'analogie des formations

Il est prouvé que les corrélations à longues distances ou moyennes sur les bases lithologiques plus ou moins apparentes ou réelles peuvent être trompeuses, qu'il s'agisse de formations sédimentaires ou non. En effet, les processus géologiques ne sont jamais identiques, par conséquent ils ne peuvent donner des résultats identiques. Même avec des substrats pétrologiques analogues les processus peuvent être différents à partir notamment de :

- L'évolution diagénétique purement locale du substrat ;
- Des possibilités géochimiques originelles ou évolutives différentes mais non apparentes ;

- La tectonique agissant soit directement soit indirectement par l'intermédiaire du relief qu'elle conditionne.

c) La complexité des conditions de formation des concentrations minérales

Ainsi que nous l'avons évoqué, un gisement correspond à la présence simultanée de paramètres divers –géométriques, dynamiques, chimiques, biologiques, écologiques, etc. présentant entre eux des relations observables ou virtuelles. La présence ou l'absence d'un ou de plusieurs de ces paramètres, leur valeur relative ou leur ordre de succession, font que deux contextes gîtologiques, apparemment semblables peuvent présenter des paramètres différents.

C'est pourquoi, une province minérale peut être considérée comme le résultat de phénomènes actifs et passifs. Les phénomènes actifs sont liés à des actions géodynamiques internes (magmatisme ou tectonique) et à des actions géodynamiques externes (le climat par exemple). Les zones d'interférence de ces « moteurs » créateurs de milieux gîtologiques, détermineraient la répartition des provinces minérales ; les phénomènes passifs, étant liés à l'élaboration de ces milieux gîtologiques.

d) L'existence de pièges non encore explorés

La croûte terrestre, siège naturel des minéraux utilisés, a en son sein des pièges que les multiples disciplines liées à la géoscience n'ont pas fini encore de déceler et ce, malgré les progrès réalisés ces dernières années notamment dans le domaine de la recherche gîtologique.

En effet, un milieu gîtologique ne peut être étudié comme phénomène statique. Les phases déterminantes de la mise en place des concentrations minérales lors de l'évolution du milieu sont difficiles à saisir ; seule la représentation géométrique des faits est possible, car les phénomènes hérités, les rémanences, les convergences viennent brouiller les pistes susceptibles de conduire à une solution des problèmes génétiques.

e) Le degré différentiel du métamorphisme

Si les minéralisations sont parfois peu sensibles à l'action du métamorphisme comme par exemple des modifications texturales du minerai, leur recherche par contre devient compliquée du fait que le métamorphisme tend à oblitérer les différences lithologiques originelles et à effacer les contrastes entre les faciès. Une telle situation peut présenter des différences entre formations analogues.

f) La compétence des équipes responsables des programmes de recherches

La différence dans l'acquisition des résultats de recherche sur des formations lithologiques analogues peut provenir de l'expérience et de la compétence d'une équipe, de son savoir à comprendre, à analyser et à traduire en terme et images transmissibles à d'autres, la réalité de l'organisation et de l'histoire de l'évolution des roches d'un secteur géographique déterminé.

4.1.4. Fertilité différencielle entre gisements de même nature d'une même province minérale

L'analyse se situe au niveau intra province minérale. Il s'agit d'expliquer les causes probables à l'origine d'une différence de qualité entre deux gisements appartenant à la même province minérale.

Auparavant, attardons-nous sur la signification de province minérale. Une province minérale se caractérise par la présence de concentrations minérales qui s'ordonnent selon une certaine géométrie, une certaine affinité géochimique et dans un ensemble appartenant chronologiquement à la même unité structurale.

Globalement les différences de qualité entre gisements d'une même province peuvent résider au niveau des éléments suivants :

- Les conditions de formations des gisements ne sont jamais identiques.
- L'irrégularité de développement des complexes magmatiques par exemple, peut entraîner l'irrégularité d'intensité de formations des différents groupes génétiques de gisements et de minéraux utiles.

La nature des roches- mères, leur compétence respective à libérer ou à retenir les éléments constituants, la topographie et la qualité du drainage, la durée et l'intensité des agressions chimiques, la position de la nappe phréatique, la tectonique, les conditions de genèse des roches mères, le climat sont les fondamentaux de cette différence entre gisements de même province minérale.

Ainsi, spécifiquement on peut citer quelques facteurs déterminants dans les secteurs diamantifères du triangle du Sud-Est :

- Topographie et géomorphologie différentes.
- Actions différentes des eaux météoriques dans le cadre de la dissolution différentielle de la silice ;
- Tectonique ayant affecté le cadre litho structural- hôte ;

- Conditions et possibilités d'évolution géochimiques ;
- Conditions d'évolution du substrat originel.

Par ailleurs, et dans d'autres cas les éléments suivants sont aussi à prendre en considération :

- La nature de la roche-hôte (éclogite, péridotite) ;
- Les conditions tectoniques ayant présidé à l'explosion ;
- La nature et les conditions facilitant le système de drainage ;
- La tectonique ayant conduit à la surélévation ou à l'abaissement par exemple de deux blocs et les conditions de drainage qui s'y rattachent ;
- La réaction et la compétence du cadre litho structural d'accueil en place dans les deux secteurs donnés.

S'agissant des relations métallogéniques avec le diamant de la zone de Kindia, celles-ci ne sont pas clairement établies. En effet, si on admet avec Bardet, qu'il existe deux générations de diamant : une ancienne et une jeune, il pourrait s'agir alors de provinces minérales différentes. Les arguments qui plaident en faveur de cette hypothèse reposent sur l'appartenance à des aires géographiques et géotectoniques différentes. Notre avis personnel, est que le diamant de Kindia serait d'origine de la vieille génération 1000ma, dont les racines ont aujourd'hui disparu mais dont les produits témoins et orphelins ont trouvé refuge suite à l'altération, à l'érosion et au drainage dans les fissures des formations gréseuses de l'ordovicien. Il pourrait s'agir des témoins d'un paléo placer.

Quant aux deux principaux bassins de bauxites du pays : bassins de Boké – Gaoual et celui de Tougué, génétiquement, ils sont tous issus des mêmes causes et de la même histoire et gisant tous sur la couverture de la plateforme suite aux processus supergènes survenus au cénozoïque. Cependant, malgré cette appartenance à la même province métallogénique, des différences de qualité, et de réserves existent entre les gisements composant ces deux bassins.

Les raisons de ces différences sont à rechercher à plusieurs niveaux :

- La différence dans la nature différente des roches-mères représentées par les schistes, les dolérites et les syénites néphéliniques ;
- La compétence différentielle des roches-mères à libérer ou à retenir les éléments constituants suite à l'agression des processus supergènes ;

- La topographie du système des régions concernées ;
- La qualité du système de drainage ;
- L'intensité et la durée d'attaque des phénomènes endogènes et exogènes ;
- La position de la nappe phréatique.

S'agissant des deux types génétiques – autochtones et allochtones-de bauxites, il est reconnu de façon générale que le type alluvionnaire est relativement plus riche en alumine que l'éluvionnaire, surtout quand il a été soumis à un bon lessivage vertical et horizontal pendant de longues périodes calmes dans un bassin semi-fermé servant de piège d'accueil. Aussi, il est établi que les types de bauxites éluvionnaires conservent davantage les signatures structurelles et minéralogiques de leurs roches mères respectives. Ces paramètres affectent différemment la qualité des bauxites qui en découlent. Ceci se vérifie notamment au niveau des teneurs en ferromagnésiens relativement plus élevées dans les bauxites issues des dolérites.

Nonobstant ces différences entre ces bauxites, il est clairement établi qu'elles appartiennent à la même province métallogénique en raison de leur situation sur la ceinture tropicale du globe terrestre, majoritairement gibbsitique, de même âge et découlant des mêmes processus supergéniques.

Dans le bassin de Siguiri, il existe une seule province aurifère caractérisée par deux épisodes métallogénique majeurs : l'un intervenant pendant la mise en place des formations flyshoïdes, l'autre correspondant aux derniers stades des grands accidents tectoniques D1 et D2 ayant affecté les formations birrimiennes.

Cependant, malgré ces différences d'âge, tous les gisements d'or du bassin de Siguiri appartiennent à la même province minérale dont l'histoire est intimement liée à l'évènement tectono-magmatique éburnéen. Les gisements latéritiques et saprolitiques dont les filiations avec les premières sont établies, ne seraient en fait que le reste utile des « ruines de la vieille génération » victimes des actions supergènes du cénozoïque. Les gisements récemment signalés à l'Est de Beyla et de Nzérékoré à la faveur des travaux de cartographie géologique du Sud-Est, ne seraient en fait que les témoins clefs d'un passage « bénit » de l'évènement éburnéen. On pourrait dans une certaine mesure, les rattacher génétiquement à ceux du birrimien : la poly cyclicité de l'archéen étant établie.

Conclusion

De cet exercice, les remarques suivantes se dégagent :

L'irrégularité du développement des complexes magmatiques suivant les différentes époques, a entraîné l'irrégularité d'intensité de formation des différents groupes génétiques de gisements de minéraux utiles. Nous en donnons quelques groupes majeurs :

- Les gisements métamorphogènes ont dominé l'archéen. Ils résultent d'intenses transformations de roches à de grandes profondeurs avec les actions conjuguées et radicales de la chaleur, des tensions mécaniques et des processus chimiquement actifs de la croûte terrestre ;
- Les gisements magmatogènes (de profondeur hypergéniques, endogène) des minéraux utiles sont liés par leurs conditions aux processus géochimiques des parties profondes. Les gisements résultent de l'action de l'énergie interne de la terre, vu les processus magmatiques se déroulant dans l'écorce terrestre et les parties les plus profondes de la planète ;
- Les gisements sédimentaires (superficiels, supergènes, exogènes) de minéraux utiles sont en rapport avec les processus géochimiques, aussi bien anciens qu'actuels, se déroulant à la surface et dans la zone subaérienne de la terre. Ils résultent de la transformation des massifs de roches et d'amas de minéraux utiles, mis en place en profondeur et émergés à la surface terrestre, ainsi que du fait de la concentration de nouvelles masses de matières minérales au cours de la sédimentation ;
- Les gisements de minéraux se forment au cours du processus de différenciation des masses minérales dans le tourbillon des cycles sédimentaires, magmatiques et métamorphiques de formation des roches et des structures géologiques non identiques ;
- La mise en évidence des variations de paramètres pour une minéralisation donnée, au cours des temps géologiques, pose, en soi, un problème : les conditions de genèse des roches étaient-elles les mêmes au cours de l'histoire du globe ?

En clair, nous sommes loin de résoudre les questions soulevées par les problèmes d'époques et de variations de paramètres gîtologiques. Des études fines, détaillées et thématiques s'imposent pour apporter les éléments de réponse plus argumentés que ceux présentés par cette modeste réflexion.

Autrement dit, toutes les hypothèses ainsi évoquées ne pourraient représenter que le schéma grossier recouvrant les éléments d'une histoire plus complexe, dont le détail ne pourra être mis en évidence que par des études qui affineront notre connaissance de la lithologie, de la stratigraphie, de la micro tectonique de la géochronologie, et de bien d'autres nouvelles disciplines de la géoscience.

En effet, comme le dit Claude Bernard, « les théories que nous possédons sont loin de représenter des vérités immuables. En effet, quand nous faisons une théorie générale dans nos sciences, la seule chose dont nous soyons certains, c'est que toutes ces théories sont fausses absolument parlant. Elles ne sont que des vérités partielles et provisoires qui nous sont nécessaires comme des degrés sur lesquels nous nous reposons pour avancer dans l'investigation ».

4.1.5. Signification et Contours multidimensionnels du « scandale géologique guinéen »

Les singularités du scandale géologique guinéen reposent essentiellement sur la diversité et l'importance de sa carte identitaire et la polyciclicité des grandes unités géologiques survenue au cours de l'évolution tectono-métallogénique.

Nous en rappelons quelques éléments majeurs :

a) Signatures des différentes époques géologiques

L'**archéen** guinéen présent au Sud Est avec quelques boutonnières à l'Ouest, se caractérise par les particularités minéralogéniques suivantes : Le fer, le graphite essentiellement, l'or et le diamant y sont présents grâce à sa poly cyclicité : éburnéen, mésozoïque et cénozoïque. Le fer, qui domine sur cette formation géologique, fut relativement « sage ». En effet, il choisit de partager ses réserves entre la Guinée, le Liberia et la Côte d'Ivoire autour du Nimba, mais accorde un « bonus » à la Guinée dans le Simandou avec le plus grand gisement non encore exploité au monde et à Faranah où des ressources immenses sont également signalées.

Le **protérozoïque**, est marqué par l'orogenèse éburnéenne, et s'arroge la quasi-totalité de l'or connu à date dans le pays. Le calcaire de Kourouni à Siguiri s'y signale spatialement, ainsi que quelques autres minéralisations qui apparaissent sous formes disséminées de valeur minéralogique simple.

Ainsi, on est tenté de dire qu'au birrimien, l'or fit du Bouré un de ses points refuges préférentiels et du bassin birrimien guinéen une des principales provinces métallogéniques de l'Afrique de l'Ouest avec un important stock de métal jaune supposé caché dans les filons et produits d'altération in situ ou allochtones.

Le **paléozoïque**, fut relativement calme en termes d'activité métallogénique. Un diamant à l'âge douteux y est signalé. Cependant, il s'arroge la paternité des roches-mères de certains de nos gisements de bauxite et probablement de nos ressources pétrolières non encore découvertes.

Le **mésozoïque**, marque l'ouverture de l'océan atlantique. A ce titre, il est porteur des roches–mères de ressources diamantifères, et également bauxitiques et de nickel indiciel.

On retient ici que, le carbone pur (diamant) bâtit une de ses « citadelles » à l'échelle de l'Afrique de l'Ouest, au sein de l'espace limité par le triangle Beyla-Kérouané-Macenta, supposé détenir encore 17-25 millions de carats de diamant dont 80% de joaillerie.

Le **Cénozoïque**, fut hautement fertilisant parce que correspondant à l'éveil métallogénique et au ''tamisage' des produits primaires grâce aux processus supergènes à l'origine de la phase d'enrichissement et de constitution de hautes concentrations minérales dont certaines sont uniques à l'échelle planétaire.

b) Etrange « solidarité » ou « complicité » entre régions naturelles et principales unités géologiques dans « la politique d'asile » en faveur des principales ressources du pays.

Une « étrange complicité » de solidarité entre régions naturelles et géologie minière dans l'occupation du territoire est un fait établi :

La Moyenne Guinée, la Basse Guinée, la Haute Guinée, avec comme épicentre la zone Boké- Gaoual, détiennent conjointement les 2/3 des réserves mondiales de bauxite connues à date. La géodynamique externe et interne a trouvé dans les hauteurs de la Moyenne Guinée, de la Haute Guinée et de la Basse Guinée, le site génétique, l'épicentre planétaire de la bauxite issue des produits d'altération des dolérites, schistes, et syénites néphéliniques.

La Haute Guinée avec plus de 45000 km^2 de formations birrimiennes, s'arroge le ''droit'' naturel d'être l'une des principales sources du métal jaune avec quelques passées signalées en Forêt. Le stock métal supposé avoisinerait les 700 à 1000 tonnes, mais ne serait que la partie émergée de l'iceberg.

La Guinée Forestière et la Haute Guinée, relativement la Basse Guinée détiennent au sein du Nimba, Simandou, Kalia à Faranah et Yomboéli à Forécariah, l'essentiel du potentiel ferrifère et qui représente à l'échelle planétaire une source sûre de l'industrie du fer. On suppose les ressources de Kaloum rayées de la carte minière en raison de la démographie et de l'extension de la ville de Conakry.

Le triangle Beyla Kérouané Macenta, (conjointement la Haute Guinée et la Guinée Forestière) sert conjointement de zone refuge privilégiée naturelle au diamant que les anciens appellent Adams ou l'indomptable. De nouvelles zones sont cependant signalées à Kindia, Forécariah où des recherches plus adaptées sont à envisager en vue de cerner davantage l'origine et la taille.

c) Signature à caractère sous régionale de la carte minérale du pays

En dehors du pétrole, du gaz, non encore découverts mais pour lesquels les chances de découvertes ne sont pas exclues, la Guinée recèle des ressources minérales en quantité et qualité aussi égales, sinon supérieures à celles signalées dans la sous-région Ouest africaine.

Au vu de ces considérations géologiques et minières, on est en droit de dire que la Guinée est bien un pays élu par la nature.

4.2. « La Guinée, scandale géologique » ou un pays à haut potentiel minéral ?

Que signifie scandale géologique ?

Sous l'angle :

Géoscientifique

Un scandale géologique pourrait se définir comme un monstre gîtologique, signature d'un environnement géologique aberrant, totalement étrange, défiant les règles et les lois régissant les fondements consensuellement admis de la géoscience.

Promotionnel et comparatif

La notion pourrait exprimer un « îlot minier »dont la qualité, la diversité et la quantité exceptionnelles de ses ressources et possibilités minérales sur la planète se situent hors du commun géologique.

Scandale ou haut potentiel minéral ?

Tel que défini sous l'angle géo scientifique, la Guinée géologique ne peut être assimilée à un scandale géologique. En effet, la notion de scandale géologique doit être traduite et perçue comme une situation aberrante qui défie conséquemment de par sa présence et son cadre géologique d'accueil, les fondements et concepts consensuellement admis de la géoscience.

Or, une concentration minérale, loin d'être le résultat d'un accident fortuit, est l'aboutissement logique de processus d'évolution géodynamiques aux paramètres variables, intervenant dans les domaines dépendants les uns des autres, ou parfois sans relations génétiques réciproques, mais peut-être de simple relation de « cousinage. »

Autrement dit, le potentiel minier de la Guinée, pour exceptionnel qu'il soit, ne saurait être fortuit ou accidentel. Il est le résultat logique d'une fertilisation croisée de facteurs géodynamiques internes et externes certes complexes inexpliqués mais non inexplicables. En effet, un milieu gîtologique ne peut être étudié comme un phénomène statique en raison des difficultés que l'on a pour saisir les phases déterminantes relatives à la mise en place des concentrations minérales. Seule, une représentation géométrique des faits est possible, car les phénomènes hérités, les rémanences, les convergences viennent souvent brouiller les pistes susceptibles de conduire à une explication de problèmes posés.

Ainsi, sur la base de cette analyse, peut-on dire que la Guinée est un monstre géologique ou un scandale géologique ? Ceci nous paraît inapproprié. La sagesse nous commande d'en faire l'économie au sens géoscientifique du terme.

Par contre, perçu sous l'angle planétaire, l'usage est amplement autorisé et mérité. En effet, qu'un espace d'une superficie de 245857km2 puisse s'arroger d'épicentre planétaire de la Bauxite, de site refuge au plus gros gisement de fer non encore exploité, et de province minérale à l'Or et au diamant, justifie et autorise amplement l'usage de ce terme « scandale géologique. »

5. CARTE IDENTITAIRE DU POTENTIEL MINÉRAL : ANALYSE ET REVUE SYNTHÉTIQUE DES DONNÉES

L'exercice dresse en fonction de nos connaissances et des informations disponibles l'état actuel du potentiel minéral de la Guinée. Un résumé suivi de la présentation de certains gisements est proposé pour aérer et faciliter la lecture et la compréhension.

Les documents de levé géologiques, le plan minéral et le document synthèse du dernier symposium mines 2011 ont servi de bases de données à ce présent travail de synthèse et d'analyse.

Ces données doivent être considérées comme des « denrées périssables » qu'il faudra actualiser à la lumière des résultats des travaux en cours ou futurs.

5.1. Métaux non ferreux

Bauxite

Résumé

Le poids et le contour du potentiel bauxitique sont à ce jour quasi circonscrits et précisés. La partie occidentale constitue la principale province minérale et l'épicentre planétaire de la bauxite. Tous les gisements sont essentiellement gibbsitiques et se rapportent à la ceinture tropicale du globe terrestre. Ils sont latéritiques ou sédimentaires.

Les réserves et ressources sont estimées à près de 41 milliards de tonnes titrant entre 40 et 55% d'AL_2O_3 et 2-5% de SiO_2.

A ce jour, trois gisements font l'objet d'exploitation à Boké, Kindia et Fria. Les gisements de Dian-Dian et Tougué ont fait l'objet d'études détaillées en vue de leur mise en valeur. Les autres gisements connus sont au stade de reconnaissance.

Le potentiel repose sur les régions de Boké-Gaoual-Télimélé- Bantignel-Labé-Mali-Tougué-Dabola-Kindia-Mamou- Boffa et Fria.

Géologie

Les bauxites gisent dans la partie supérieure de la croûte d'altération développée principalement sur des formations diverses : schistes, dolérites, syénites néphéliniques. On les rencontre sous deux types génétiques « in-situ ou autochtones et allochtones ou redéposés.

Répartition

Dans l'état actuel des connaissances, des quatre régions naturelles qui composent la Guinée, trois parmi elles renferment des gisements d'intérêt économique. Il s'agit de la Moyenne Guinée, de la Guinée Maritime et de la Haute Guinée.

Les cartes et le tableau qui suivent en donnent le détail.

Etat de mise en valeur

Le rythme de mise en valeur des riches gisements de bauxites de Guinée est loin de correspondre à la densité et au rythme des travaux et d'évaluation des gisements bauxitiques du pays. L'enclavement, le financement et le marché expliquent généralement cet état.

Les gisements en exploitation sont ceux de Sangarédi-Bidikoum, N'Dangara, Silidara avec la CBG, de Débélé à Kindia avec SBK, de Fria avec Russal. Le quatrième est celui de Dabola dont les phases d'extraction proprement dites ne sont pas encore engagées avec la partie iranienne, partenaire de la Guinée dans cette Société.

A côté de ces trois ou quatre points d'exploitation, d'autres gisements ont fait l'objet de travaux d'évaluation et même de faisabilité (Tougué-Ayé-Koyé-Dian-Dian).

En ce qui concerne les gisements de Gaoual, leur mise en valeur avait été envisagée avec les bauxites de Madina Boé de Guinée Bissau dont les études de préfaisabilité ont subordonné leur extraction rentable à une exploitation conjointe avec les gisements de Gaoual, avec possible utilisation des installations portuaires de Buba (Guinée Bissau) pour évacuation.

De nouveaux investisseurs ont initié des projets de mise en valeur dont la liste est donnée au point projets miniers.

Conclusion

41 milliards de tonnes de ressources, titrant entre 40 et 55% d'alumine, appartenant toutes au type gibbsitique, du groupe de la ceinture tropicale du globe terrestre, affleurant et offrant d'excellentes conditions d'exploitation, suffisent et autorisent largement sur le plan des réserves et de la qualité, la mise en place d' une industrie de la bauxite et de l'alumine en Guinée et de l'aluminium (**Fig.10 et Fig.12**).

Carte des indices et gisements de bauxite de guinée(plan minéral Guinée) Fig.10

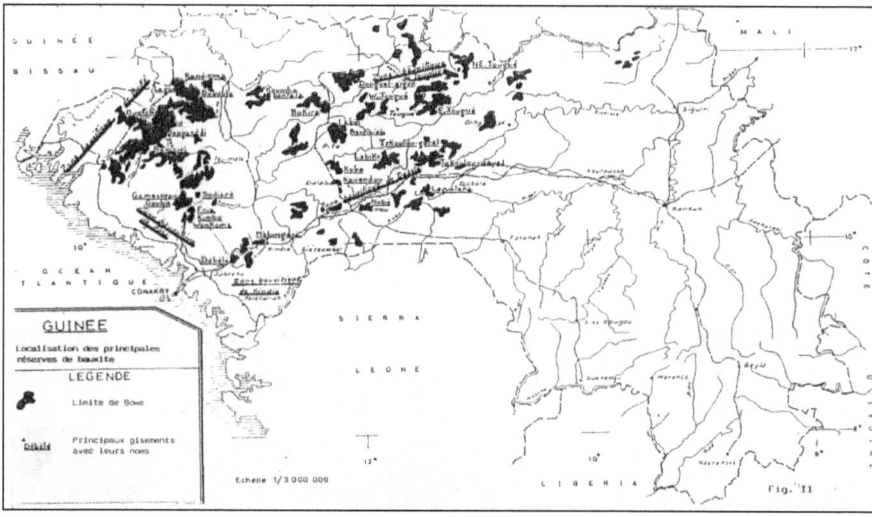

Bauxite Provinces in Guinea (millions metric tons) (CPDM)

Names of regions	Number of Bowe	Proven and Probable Ressources	Measured Ressources	Indicated and supposed ressources	Total Identified Ressources	Additionnal Forescated Ressources	Total Potential
Boké	84	913	1 945	3 053	5995	322	6317
Cogon-Tomine	144		2 893	7 236	10 273	1 593	11 866
Fatala	115	62	201	1 450	1 828	4 615	6 443
Débélé-Kindia	49	157	23	69	298	126	424
Mali	67		277	225	569	622	1 191
Labé	85		320	2 225	2 630	239	2 869
Dalaba-Mamou	57			465	522	859	1 381
Donghol-Shigon	49		703	982	1 734	272	2 006
Balin-Ko	26			927	953		953
Tougué	111	1 429	925	1 219	3 684	791	4 475
Dabola	64	617	95	745	1 521	855	2 376
Bafing-Tinkisso	39			89	128	601	729
Littoral, Island	4	9		39	52		52
TOTAL	894	3 178	7 381	18 686	3 0187	10 895	41 082

Données sommaires sur les principales zones bauxitiques

A l'intérieur de la grande province bauxitique du pays, 5 principales régions s'y singularisent de par l'importance respective de leurs potentialités minières.

Nous en dressons un résumé des principaux paramètres. Cependant certaines données pourraient demander une actualisation au regard des travaux de certification et/ou prospection en cours

Région de Boké-Gaoual

C'est l'épicentre planétaire de la Bauxite :

Zone Boké

Situation

Ce groupe de 55 gisements et indices répartis sur 432km2 est situé sur la rive gauche du Cogon à 70km de la ville de Boké et à 120 km de la mer.

Historique

Les travaux de reconnaissance ont été menés par les Bauxites du Midi avec des mailles de 600 m x 600 m et de 300 m x 300 m.

Alusuisse, dans le cadre d'un projet de faisabilité, a effectué des travaux de détail 100mx100m sur un certain nombre de gisements dont ceux d'Ayé Koyé. Zaruberhgeologia de Russie, par le biais de la direction nationale de la géologie, a effectué des travaux de contrôle sur les gisements de Dian-Dian, Sinthirou et Ourorbé en vue de leur mise en exploitation dans le cadre du projet Dian-Dian.

Etat des réserves

Les réserves géologiques des gisements de Boké ont été estimées selon les travaux réalisés par les Bauxites du Midi à 4,7 milliards de tonnes à 40% d'AL_2O_3 et moins de 5% de SiO_2.

Par ailleurs, selon les travaux de reconnaissance effectués par les équipes Soviéto-Guinéennes de cartographie à 1/200 000^{è}, ce groupe de gisements comprendrait 11 principaux gisements dont 4 situés sur la feuille Kandjafara et 7 sur la feuille Gaoual. Les réserves totales de ces 11 principaux gisements sont de l'ordre de 2,9 milliards de tonnes dont 500 millions de réserves certaines établies lors des études de faisabilité du projet Dian-Dian.

Etat de mise en valeur

Seuls les gisements de Sangarédi et satellites font l'objet à date d'extraction et d'expédition.

Les gisements de bauxite de Boké occupent une place privilégiée au plan géographique et au plan réserves et qualité. A ce jour, des études technico-économiques ont défini plus de 500 millions de tonnes de réserves à 47% AL_2O_3 et 2-3% SiO_2 qui n'attendent que le financement pour leur extraction rentable. D'autres plateaux existent dans le même rayon mais pour lesquels les études techniques complémentaires seraient requises.

Les réserves de bauxite dans cette région peuvent alimenter pour des siècles des usines d'alumine si celles-ci étaient installées sur les sites bauxitiques.

La quantité et la qualité des réserves, la proximité de la côte et la présence d'une infrastructure de base sont les atouts d'un développement certain de ces riches potentialités bauxitiques de Boké.

Zone de Gaoual

Situation

Ce groupe de gisements prolonge vers le Nord-Est, celui de Boké avec le fleuve Cogon, comme limite naturelle. Ils sont situés à 150 – 250 km de la côte et environ 50 à 100 km des gisements de Madina-Boè de Guinée Bissau. **Fig.11**

Historique

Les travaux de reconnaissance ont été menés par les Bauxites du Midi, la Sarepa et les équipes Soviéto-Guinéennes (dans le cadre de la cartographie à 1/200 000è du territoire national). Les mailles ont été de 600 x 600 m et 300 x 300 m.

Etat des réserves

Trois sous-groupes s'individualisent au sein du groupe Gaoual. Au plan réserves, c'est le plus gros réservoir de bauxite en Guinée. Selon les résultats de travaux des Bauxites du Midi et de contrôle des équipes Soviéto-Guinéennes, les réserves géologiques dépasseraient les 6 milliards de tonnes de bauxite à 40 % $AL2O_3$ et moins de 5% SiO_2. Trois sous-groupes s'y distinguent à savoir :

1. Koumbia avec 6 importants gisements, totalisent 1,3 milliard de tonnes à 40 % $AL2O_3$ et moins de 5% SiO_2. Duboula-Taguirata

est le gisement qui présente le plus d'intérêt : 224 millions de tonnes avec 40 % AL_2O_3 et 5% de silice ;

2. Pardou-Yania compte 8 gros gisements totalisant des réserves estimées à 3,6 milliards de tonne – $AL2O_3$ – 40 % et SiO_2 5% ;
3. Termessé-Nérinkou avec 5 gros gisements totalisant 1,606 milliards de tonnes dont 459 millions de tonnes pour Horé-Nérinkou à 40 % AL_2O_3 et SiO_2 5% ;

Etat de la mise en valeur

La région de Gaoual renferme les plus grandes réserves de bauxite dont la qualité est sensiblement la même que celle de Boké, région voisine.

La position géographique relativement peu favorable par rapport à celle des gisements de Boké pourrait être à notre avis le seul argument qui explique la mise en portefeuille des gisements de Gaoual (situées au-delà du fleuve Cogon). Néanmoins, signalons que des tentatives de mise en valeur ont été menées dans le passé et sont récemment réactivées.

En effet, l'URSS était vivement intéressée à ces gisements de Gaoual et était disposée à effectuer les travaux de prospection détaillée en vue de définir les paramètres technico-économiques préalables à une mise en valeur.

Une partie de l'équipement destinée pour les études a été expédiée de l'Ex URSS et reçue au port de Conakry. Mais à l'époque, d'autres considérations politico-économiques ont jugé le projet non prioritaire et l'on bloqué.

Par ailleurs, des tentatives politico-économiques ont été menées de l'autre côté de la frontière par la Guinée Bissau en vue d'une exploitation conjointe des gisements de Gaoual et de Madina-Boè, avec Buba comme port d'évacuation. Les études de faisabilité des gisements de bauxite de Guinée Bissau ont, en effet, démontré que leur exploitation ne pourra être rentable que dans le cadre d'une exploitation conjointe avec les gisements de Gaoual.

L'URSS, au départ unique bailleur de fonds intéressé à ce projet, a dû refermer le dossier depuis son éclatement.

La qualité et la quantité des réserves représentent un atout pour le développement des bauxites de Gaoual site privilégié d'un autre pôle économique qui rivaliserait celui de Boké.

D'autres investisseurs comme l'Angola, tournent autour de la zone et pourraient passer à la phase active.

Carte du gisement de Bauxite de Koumbia (CPDM) Fig. 11

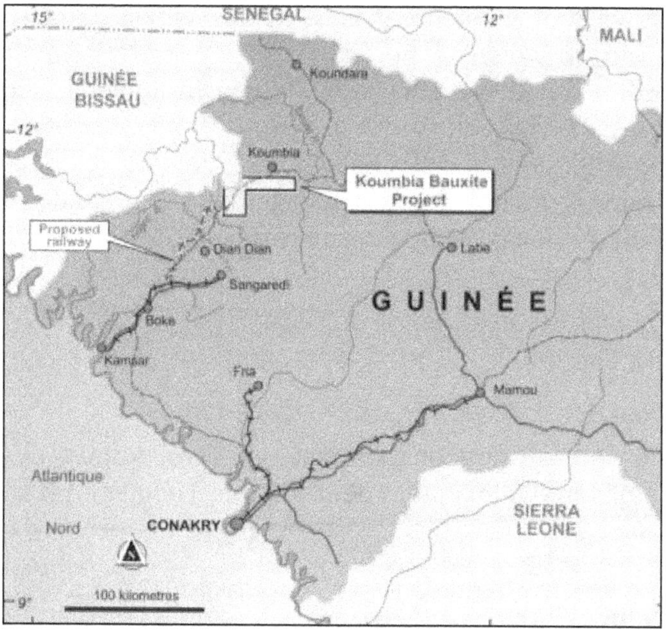

Zone de Dabola

Historique

C'est la compagnie française SAREPA qui a conduit les premiers travaux du type reconnaissance des bauxites de Dabola avec les mailles de 600 x 600 m et 300 x 300m. Ultérieurement Energoprojekt de Yougoslavie a réalisé la maille de 150x150m dans le cadre d'une étude de faisabilité.

Etat de réserves

Deux sous-groupes totalisant 1 291 millions de tonnes de réserves prévisionnelles y sont signalés, à savoir Dabola Nord-Ouest et Dabola Sud-Ouest, de teneur variant entre 42- 45% AL_2O_3 et 1,2 - 0,8 % SiO_2 et 6,48 m de puissance. Les réserves certaines et probables sont estimées à 648 millions de tonnes.

Etat de misc cn valeur

La mise en valeur des gisements de Dabola a été envisagée par la Guinée dans le cadre d'une Société Mixte Guinéo-Yougoslave.

Les travaux de l'étude de faisabilité ont été exécutés et des réserves de 648 millions de tonnes de catégorie B et C1 ont été définies autorisant un financement. La mise en valeur s'est probablement butée à l'éternel problème de financement, à l'enclavement de la zone et au manque d'infrastructure.

Plus tard, une nouvelle société mixte guinéo-iranienne sera constituée en vue de la mise en valeur de ces gisements. Un projet qui exploiterait 600 000 tonnes de bauxite/an a été envisagé comme solution d'approche avant l'extraction proprement dite. D'ici là, des études de faisabilité du chemin de fer, de la cité et du port devront être financées et exécutées.

Zone de Tougué

Situation

Située à 480 km de Conakry, cette zone est formée de plateaux culminant à 850m-900m autour de la ville de Tougué à 100km de Dabola.

Historique

La reconnaissance a été d'abord menée par la SAREPA aux mailles de 300 m x 300 m, 200 m x 200 m et 150 m x 150 m, puis par Alusuisse avec la maille de 100 m x 100 m dans le cadre d'une étude de faisabilité.

Géologie

Les bauxites se sont développées principalement sur les dolérites mésozoïques très abondantes dans cette région.

Réserves et état de mise en valeur

Deux (2) sous-groupes totalisant 2 764 000 de tonnes sont à distinguer : Tougué occidental et Tougué oriental. Le dernier est le plus important groupe. Les teneurs varient de 42 à 43% - AL2O3 à 3,2%-SiO2 avec une épaisseur de 8,2 m.

Des études de faisabilité ont été faites pour certains gisements de Tougué par Alusuisse. Malheureusement, le projet n'a pu aboutir pour des raisons financières et de marché.

Dans l'état actuel, ces gisements sont compris dans la concession minière de la société mixte des bauxites Dabola-Tougué. L'enclavement de la région, et le manque d'infrastructure sont les causes essentielles de la mise en portefeuille des gisements de Tougué.

Zone de Labé-Mali

Situation

Ce groupe de gisements se situe dans le centre Nord du pays, regroupant les gisements des préfectures de Labé, mali, pita et Dalaba.

Historique

Les travaux de reconnaissance ont été conduits par les équipes Soviéto-Guinéennes de recherche et de cartographie dans les années 1972-1976. Les mailles utilisées ont été 600 m x 600 m, 400 m x 400 m et les études n'ont fait l'objet que d'un nombre très limité de sondages.

Etat des réserves

Les réserves géologiques et probables sont de l'ordre de 912 millions de tonnes dont 712 possibles, probables et certaines.

Quatre (4) sous-groupes se partagent l'essentiel des réserves :

- Donghol Sigon :
- Bantignel
- Bougoumé
- Bokira

Etat de la mise en valeur

L'enclavement, les conditions d'accès, la qualité relativement faible et le manque d'infrastructure font que les bauxites de ce groupe n'ont pu bénéficier d'aucune attention pour leur mise en valeur. En effet, à date, aucune étude détaillée n'y a été menée.

Plomb - Zinc - Cuivre :

A date, aucune minéralisation sérieuse de ce type n'est connue en Guinée. Toutefois on note de nombreuse auréoles de dispersion secondaire notamment sur les feuilles de Youkounkoun-Koumbia-Siéroumba-Télimélé-Dabola-Kindia et Forécariah pour des teneurs variant de :

- 0,003-0,3 rarement 0,9% pour le cuivre,
- 0,01% pour le zinc,
- 0,07% pour le plomb

Les travaux de géophysiques de la Direction de la Géologie menés dans la zone de Labé, où des auréoles ont été signalées, ont recommandé un sondage sur l'anomalie signalée.

A l'Est du pays, un indice de cuivre fut signalé par la mission d'étude générale de la Guinée en 1950 qui a prospecté un filon aurifère près de Banora qui a donné 200 tonnes de cuivre titrant 0,4% dans les roches vertes de la chaînes du Niandan-Banié.

Egalement dans la même zone, la mission soviétique a découvert en 1962 à 0,6 km de Morinimaya une imprégnation de sulfure titrant 0,6% de cuivre dans les andésites à amphiboles du protérozoïque inférieur.

Cuivre

Plusieurs indices de cuivre sont signalés dans le pays, mais aucun d'eux n'a fait l'objet d'études poussées. Ils se classifient comme suit :

- Filons quartzeux à sulfure de cuivre,
- Subintrusion de roches basiques,
- Zones de contacts des amphibolites, gneiss et granites de l'archéen,
- Zones minéralisées sur les pourtours de massifs doléritiques,
- Près de 200 tonnes estimées dans le filon aurifère de Banora titrant 0,4%.

Plomb

Dans son rapport de prospection de 1962-1963, la mission polonaise a signalé qu'une zone de failles traversant la rivière Santa près de Tabouna (région de Kindia) présente une minéralisation intéressante en plomb (Pb).

L'analyse spectrale d'un échantillon métallométrique prélevé à 0,5 km au Nord-Est de Fanca, près de l'embouchure de Niandan, a donné une teneur de 1% en plomb. La roche encaissante est un tuf très altéré, acide, peu ferrugineux.

Zinc

En 1963, quelques indices de zinc, à l'Ouest de Nougouro sur la rive droite de Doffé, ont été signalés. Ces indices assez intéressants sont liés à une puissante zone épidotisée à sulfures au contact de quartzites ferrugineux et de granite intrusif.

L'analyse spectrale d'un échantillon prélevé sur une partie altérée de cette zone a révélé 1% de cuivre, 1% de zinc et 0,2% de nickel.

Perspectives et Recommandations

En dehors de quelques travaux ponctuels menés par la Direction Nationale de la Géologie, précisément à Labé, les recherches pour métaux de base n'ont été que partielles et insuffisantes.

Or, le contexte géologique guinéen permet d'espérer plusieurs types de minéralisations de métaux de base aussi bien dans le socle que dans la couverture remobilisée.

C'est pourquoi, nous recommandons :

1) La poursuite des travaux dans la zone de Labé où des structures très favorables ont été mises en évidence par les équipes de la Direction Nationale de la Géologie mais sur lesquelles il conviendrait maintenant de certifier par les travaux de sondage.
2) La définition des unités volcaniques les plus favorables sur lesquelles on pourrait envisager ultérieurement des travaux de prospection adaptés.
3) La hiérarchisation en tenant compte des données géologiques disponibles, des auréoles de dispersion mises en évidence à l'Ouest du pays par le levé au 1/200 000è suivi de mission d'identification, de certification.

Carte de localisation des gisements et indices de Bauxite (Mamedov-CPDM) Fig.12

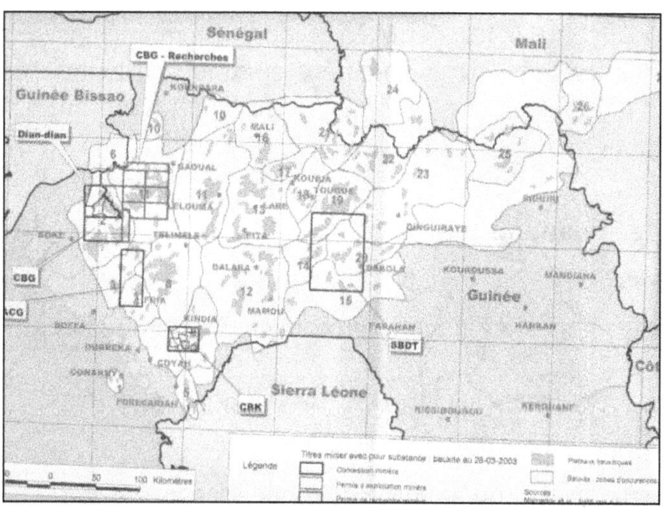

5.2. Métaux ferreux

Fer

La Guinée en détient le plus gros gisement non encore exploité au monde.

En dehors des gisements de Kaloum et de Yomboéli, de Kambanbolon, de Kalia l'essentiel du potentiel ferrifère réside dans le socle métamorphique archéen notamment au niveau de deux (2) chaînes Nimba et Simandou. Les gisements sont liés géologiquement aux quartzites à hématite et magnétite de l'archéen supérieur.

Les études de faisabilité pour les gisements du Mont Nimba sont faites et celles d'études et d'évaluation de Simandou sont en cours avec Rio Tinto et d'autres sociétés impliquées dans le fer. De nouvelles ressources sont mises en évidence dans la région de Faranah à Kalia où Belle zone opère sur un site très prometteur.

Les ressources prévisionnelles de la Guinée sont estimées à plus de 15 milliards de tonnes, en supposant les réserves de Kaloum rayées de la carte minière économique du pays.

Plusieurs gisements et indices de fer ont été découverts ou reconnus pendant les travaux soit de reconnaissance, soit de cartographie et d'inventaire de substances minérales, soit enfin lors des missions ponctuelles menées à différentes échelles pendant et après la colonisation.

Ainsi, Bellezone s'occupe des gisements de Kalia à Faranah où les ressources sont estimées à des milliards de tonnes.

Nous donnons sur la base des informations fournies dans le rapport du symposium 2011 les paramètres des principaux gisements. Ces informations doivent être considérées comme une denrée périssable. Autrement dit, elles peuvent être dépassées si elles ne sont pas actualisées à la lumière des nouveaux résultats de terrain.

Zone de Simandou

Situation

Ce gisement se situe dans le prolongement Nord de celui du Mont Nimba.

Historique

Plusieurs travaux du type de reconnaissance ont été exécutés de 1957 à 1972 sur ce gisement. D'abord par le Service des Mines de l'AOF, ensuite par la Compagnie belge Tractionnel et Nippon Koéi du japon qui ont exécuté des sondages, tranchées et puits, sur des longueurs totales respectives de 33,106 et 8 km.

Etat des réserves

Sur la base des travaux effectués par Nippon Koéi, les réserves ont été estimées pour la seule zone étudiée entre 451 000 000 et 614 707 000 de tonnes de minerai de haute qualité.

L'épaisseur a été estimée à 200-500 m suivant les variétés de minerais.

Les teneurs ci-après ont été prouvées à partir de l'analyse des divers échantillons prélevés sur les différents dépôts :

- AL_2O_3 : **0,57 – 9,02 %**
- SiO_2 : **0,12 – 1,48 %**
- Fe_2O_3 : **50 – 60 %**

Les ressources géologiques sont estimées à plusieurs milliards de tonnes. Les travaux en cours par RIO TINTO ont mis en évidence des réserves capables de supporter la mise en place d'une usine d'exploitation et de traitement du minerai de fer.

Etat de la mise en valeur

Plusieurs sociétés et compagnies du monde de la sidérurgie, grandes consommatrices de fer, dont Rio Tinto, travaillent sur le gisement, et il est fort probable, que dans un proche avenir, sa mise en exploitation soit possible.

En tout cas, les réserves et la qualité sont des facteurs importants pour la mise en valeur de ces gisements de Simandou dont le minerai est identique à celui du nimba au plan qualité, et supérieur au niveau des réserves prouvées.

Rio Tinto engagé dans le développement de ce gisement a déjà effectué de grands travaux d'exploration dont les résultats autorisent leur mise en exploitation. En effet, selon les informations tirées du rapport du symposium mines 2011, le Simandou serait :

Le minerai de fer non exploité le plus important du monde et qui présente les paramètres suivants :

- 2,25 milliards de tonnes de ressource déclarées,
- Potentiel d'expansion considérable,
- Durée de vie du projet de 40 ans et plus.

  –Plus grand investissement privé en Afrique à ce jour,

- Plus grande mine de minerai de fer unique au monde (près de 100 millions de tonnes),
- Investissement : +US $10 milliards,
- US$ 800 millions investis en études et travaux préliminaires à ce jour (juin 2011).

Un projet d'une portée et d'une taille sans précédent

- La ressource Simandou Sud est l'un des actifs les plus importants dans le portefeuille de Rio Tinto en croissance ; néanmoins son développement sera complexe et fera face à de nombreux défis.
- La complexité est due à un ensemble de défis et de facteurs :
  - La taille du projet en fonction du PIB de la Guinée – Ce projet doublera le PIB et les recettes fiscales du gouvernement tripleront à long terme, créant des bases typiques pour une instabilité micro et macro-économique,
  - Le défi technique – le terrain hautement complexe et les conditions marines difficiles signifient que le chantier de construction sera parmi les plus complexes que Rio Tinto n'ait jamais entrepris,
  - Le besoin et l'ambition de faire les choses à tous les niveaux – économique, social, politique et environnemental.

Zone de Kaloum

Situation

Le massif exploitable est la presqu'île de Kaloum, long de 50 km environ et large de 1-8 km.

Historique

Découvert au début de 20e siècle, le gisement a été prospecté à la maille de 1 000 m x 1 000 m. En 1939, un essai technologique a été réalisé et 10 ans plus tard, une prospection supplémentaire. L'exploitation à ciel ouvert a démarré en 1953. Les travaux seront arrêtés quelques années plus tard en raison de la haute teneur en Ni et Cr.

Etat des réserves

Les réserves sont estimées à 5 milliards de tonnes. Cependant, dans l'état actuel du développement de la ville de Conakry, l'on peut considérer ces réserves rayées de la carte minière économique du pays.

Etat de mise en valeur

C'est le seul gisement de fer ayant fait l'objet d'exploitation dans le pays. Ces travaux ont été arrêtés pour des raisons de qualité. L'explosion démographique de la ville de Conakry sous laquelle il gît, menace sérieusement l'éventualité d'une mise en valeur de ce gisement.

Zone Nimba

Situation

Ce gisement de la classe mondiale est situé à l'extrémité Sud-Est du pays à la frontière avec le Libéria et la Côte d'Ivoire. **Fig.13**

Historique

C'est Goor en 1933 qui signale la présence de minerai de fer interstratifié dans les quartzites. De 1958-1959, le Bumifom signale et localise l'important gisement de minerai de fer de haute teneur. Des études seront menées sur ces gisements en vue de leur mise en valeur. Ainsi dans le cadre de l'étude de faisabilité, Kaiser en 1976, effectuera des travaux qui mettront en évidence 350 millions de tonnes de fer de qualité exceptionnelle.

Etat des réserves

Les réserves prouvées suite aux travaux de faisabilité ont été estimées à 350 millions de tonnes. Les ressources géologiques sont estimées à 1 500 000 000 tonnes et les réserves probables à 600 000 000 tonnes.

Les résultats d'analyse chimique d'un échantillon de 45 tonnes ont donné les résultats suivants :

- Fe **66,7 %** - SiO_2 **2,5 %**
- P **0,033 %** - $AL2O_3$ **1,1 %**

Les variétés de minerai de fer sont les suivantes :

- Itabirite
- Minerai pisolitique,
- Minerai diluvial,
- Cuirasse latéritique.

Etat de mise en valeur

N'eut été la guerre civile au Libéria, le démarrage des travaux de mise en valeur des gisements du mont Nimba était sur le point d'aboutir. Cependant l'optimisme est permis, car, de sérieux candidats du monde de la sidérurgie travaillent sérieusement sur le dossier et il est fort probable de réactiver sa relance.

En effet, BHP Billiton, AREVA, Mifergui Nimba, New Mont ont fait les propositions suivantes pour les opérations minières du Mont Nimba que nous avons tirées du rapport du dernier symposium Mines 2011.

Opération minière

- Production de 30 Mtpa des gisements des Monts Nimba,
- 680 Mt de ressources estimées en minerai de fer à Pierre Richaud, Sempéré et Château.

Traitement du minerai

- Traitement du minerai, manutention, stockage et installations de chargement des trains.

Chemin de Fer

- Liaison de 15 km de Nimba à Yekepa par la SMFG pour 30 Mtpa,
- Partage de l'ancien chemin de fer LAMCO de Yekepa à Buchanan (275 km).

Port

- Installations portuaires en propre à la SMFG à Buchanan comprenant déchargement des trains, manutention, stockage, nouvelle jetée de 3 km, quais pour bateaux « Cap » et installations de chargement des bateaux – capacité de 30 Mtpa.

Infrastructures d'appui

- Cités de la SMFG et infrastructures d'appui à la mine et au port comprenant électricité et eau, centres de formation, écoles, équipements de loisirs, hôpital, routes d'accès, et ateliers.

Calendrier de développement

- Début de la construction : 2014,
- Début de la production : 2017.

Carte de localisation du gisement du Nimba et le tracé du Transguinéen Fig. 13

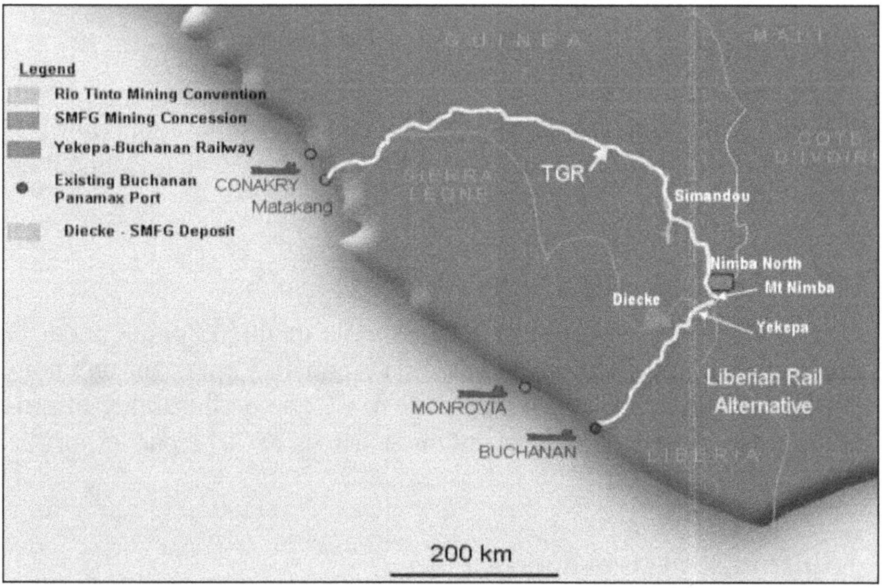

Bénéfices pour la Guinée (Base de l'étude Conceptuelle 2007)

- Recettes fiscales pour l'État Guinéen : US$3,6 milliards, comprenant redevances et impôts sur les bénéfices pendant la durée de vie du projet ;
- Bénéfices à l'économie guinéenne en général :
  - –Investissement direct étranger en Guinée d'US $2,2 **milliards**
  - –Exportations d'US $1,4 **milliard par an** en moyenne,
  - –Dépenses d'investissements du projet en Guinée d'US $280 **millions par an** pendant la durée de vie du projet,
  - –Augmentation de l'activité économique en Guinée de près de **US$1 milliard par an** (30% du PIB actuel de la Guinée) sur la base de l' « effet multiplicateur » escompté,
  - –Plus de **3.000 emplois** en Guinée en phase de **construction,**
  - –Plus de **2.000 emplois** en Guinée en phase de **production**, dont 97% de Guinéens une fois formés, y compris 700 emplois très qualifiés locaux.

Zone de Yomboéli

Situation

Ce gisement se trouve au sud de Laya à 40 km à vol d'oiseau de Forécariah.

Historique

Ce gisement a été étudié par la société américaine Bethleem Steel, mais c'est Julian qui l'a signalé en 1931 dans son rapport général.

Les réserves ont été évaluées à 4 490 000 tonnes avec une teneur de 40-50% Fe.

Etat de mise en valeur

La faiblesse du niveau des réserves et la qualité expliqueraient la mise en portefeuille des gisements de Yomboéli. Cependant une nouvelle société Forécariah Mining a achevé l'étude de faisabilité et projette la mise en exploitation au premier trimestre 2012 par le port de Konta.

Autres gisements et indices

Ils sont nombreux et ont été pour l'essentiel mis en évidence par les missions soviéto-guinéennes lors des travaux de cartographie et d'inventaire à 1/200 000è.

A Kalia, dans la région de Faranah, le projet de Bellezone a mis en évidence des ressources de 3,74 milliards d'hématite à 55% de teneur et 11 milliards de tonnes de magnétites (rapport symposium 2012. Un port et une voie ferrée sont prévus **Fig.15 et 15 bis.**

A Zogota **Fig.14** Vale-BSGR a mis en évidence un gisement de fer de 450 millions de tonnes d'hématite et 3 milliards de tonnes de magnétite. Les travaux de développement sont en cours.

Carte de localisation des blocs de fer du Simandou et du Nimba (CPDM) Fig.14

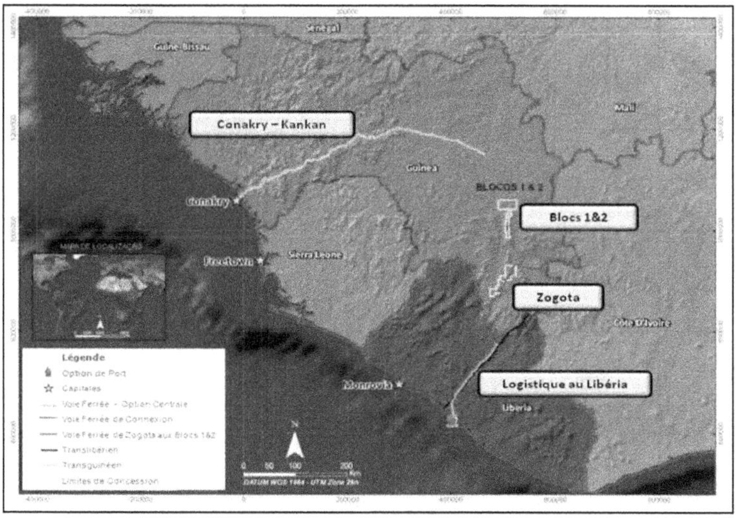

Carte de localisation du fer de Kalia Fig.15

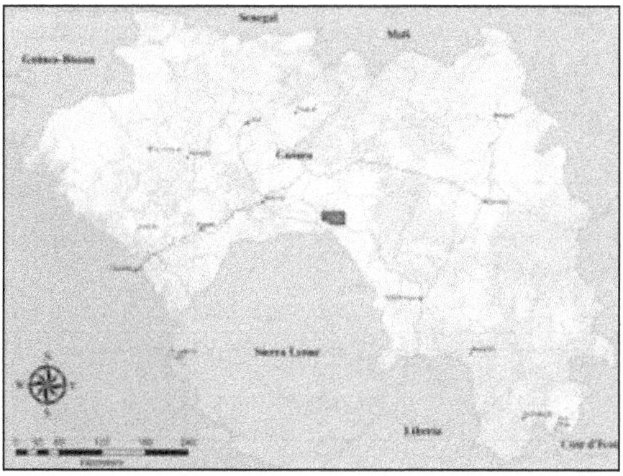

Fig. 15 bis

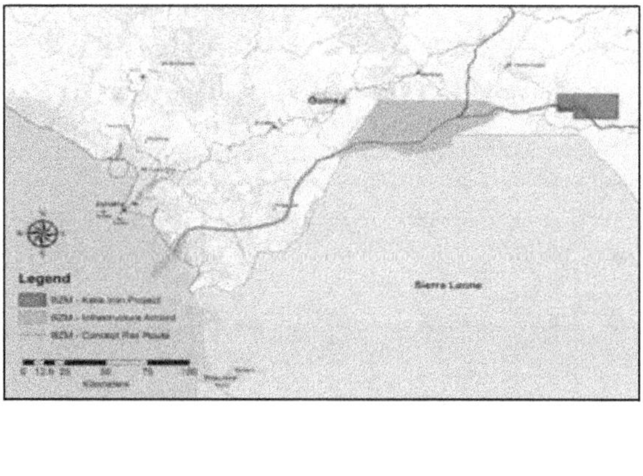

Conclusion

Le potentiel ferrifère du pays est important. Et, il est quasi certain, que ce potentiel de plus de 15 milliards de tonnes peut être largement dépassé si les travaux de certification et d'évaluation étaient entrepris sur les nombreux indices identifiés aussi bien à l'Est qu'à l'Ouest du pays. **Fig.16 et Fig.17**

En attendant, les réserves déjà mises en évidence suffisent largement au plan quantité et qualité pour envisager une exploitation à l'échelle industrielle économiquement rentable.

(CPDM) Fig.16

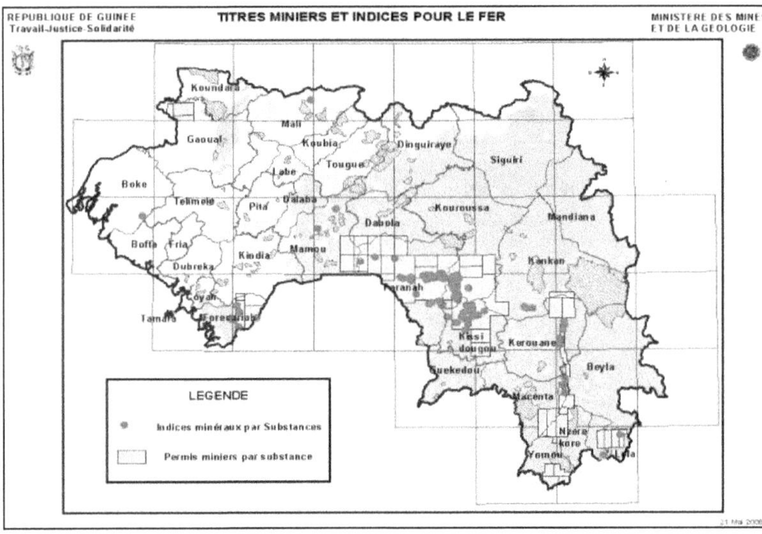

Carte des indices de fer (Plan minéral Guinée) Fig. 17

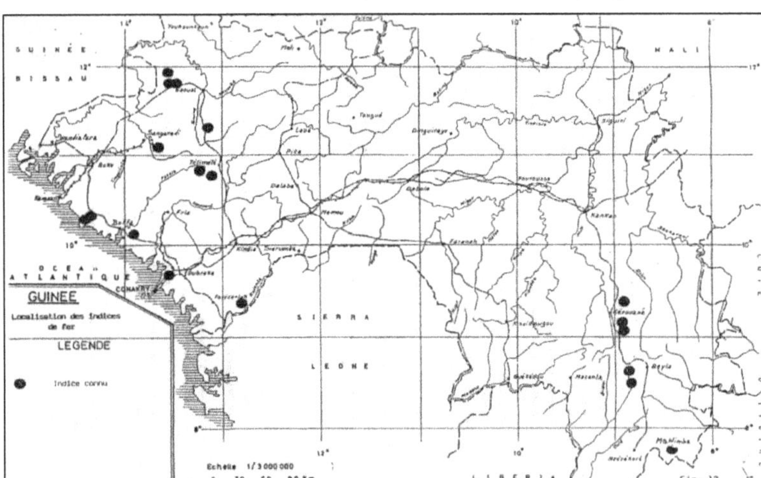

Manganèse

Aucun gisement n'est à ce jour mis en évidence. Cependant, plusieurs indices intéressants furent révélés, les uns, liés aux roches grenatifères de l'Archéen, les autres, aux grés ordoviciens :

1. Indices liés aux roches grenatifères de l'archéen

Ils sont localisés essentiellement en Guinée Forestière précisément dans la chaîne du Simandou qui est fort riche en roches à grenat semblables à celles de la Côte d'Ivoire, du Ghana et de l'Inde.

2. Indices liés aux grès ordoviciens

Ces indices sont signalés notamment à :

- « Kindia, où Julian a trouvé une étendue considérable d'indices de manganèse près de la ville de Kindia. Les indices s'étendent sur une longueur de 80 km entre les villages de Koba (dalaba) et de Séfou en direction méridionale ».
- « Ouassou, au PK 60 près de la station de ouassou, dans les déblais du chemin de fer Conakry – Fria ».
- « Grandes chutes, où en 1963, un indice fut trouvé dans les grès ordoviciens sur 400 – 450 m2 sous forme de filonnets ramifiés épais de quelques millimètres.

Perspective

Les gisements sédimentaires industriels de manganèse se forment près des rives de bassins d'eau. En Guinée, tous les indices de Kindia coïncident avec l'extrémité orientale du bassin d'eau ordovicien.

Dans l'Ouest, il y a lieu d'orienter la recherche sur l'étude des particularités lithologiques et chimiques des faciès des bassins primaires en vue de relever :

- La position des côtes anciennes,
- Les conditions favorables aux dépôts de manganèse.

Aussi, par analogie, une attention particulière doit être accordée au large développement des formations du socle à l'Est et particulièrement sur les formations birrimiennes qui n'ont pas fait l'objet jusqu'ici d'étude systématique. (Plan minéral).

En effet, la présence de ce type de minéralisation est bien signalée au Burkina Faso et au Ghana.

Nickel

En dehors du gisement du mont Kakoulima, aucune étude spécifique n'a été entreprise pour la recherche du nickel. Cependant, des possibilités existent dans les zones liées aux complexes basiques et ultrabasiques, aussi bien à l'Est qu'à l'Ouest où les derniers travaux de levé ont mis en évidence des auréoles géochimiques de nickel notamment sur les feuilles de Gaoual-Siéroumba-Télimélé-Labé et Dabola.

Par analogie, on devrait s'attendre à trouver des zones d'intérêt à la frontière d'avec la Côte d'Ivoire où des champs nickélifères ont été mis en évidence.

Les réserves de minerai du gisement du Kakoulima déduites d'une extrapolation sont estimées à 73 000 000 tonnes pour une teneur de 0,7%. Les travaux de géophysique aéroportée et de géologie en cours et entrepris par « minéraux SGV » détentrice d'un permis de recherche, doivent contribuer à préciser les possibilités réelles de ce mont.

La teneur relativement élevée en Ni du minerai de fer de la presqu'île du Kaloum est connue depuis 1920-1930. Ainsi en 1961, une mission tchèque a entrepris, sous la direction de Ziteck, les travaux spéciaux de recherche et de prospection du nickel sur le massif du Kakoulima-Kaloum à 50 km de Conakry, près du tracé du Chemin de Fer Conakry Niger.

La zone étudiée comprend 3 monts aux altitudes respectives 1 011 – 946 et 878 m. Une dépression fut décelée par le levé magnétométrique près de Kakoulima-Gare.

Cette dépression de 2,6 km2 de superficie renferme des concentrations intéressantes en Ni allant de 0,48-0,82%.

La prospection de l'anomalie ne fut pas poussée au- delà de 20 m de profondeur, bien que l'épaisseur des ocres nickélifères dépasse vraisemblablement les 24 m.

Les données ci-après ont été obtenues :vpo

- Surface du champ minéralisé – 2,6 km2,
- Volume du minerai – 36 816 000 T,
- Teneur en Ni – 0,7 – 0,9% et même 2%,
- Réserves en nickel – 184 080 T.

En extrapolant ces données à toute l'aire de l'anomalie on obtient pour tout le gisement :

- Minerai – 73 000 000 T
- Nickel – 500 000 T

Des auréoles géochimiques sont signalées par les missions Soviéto-guinéennes de levé géologiques au 1/200 000è sur les feuilles de Gaoual, Siéroumba, Télimélé, Labé et Dabola. Les teneurs oscillent entre 0,007 et 0,03%. Cependant les analyses spectrales effectuées sur les complexes ultrabasiques dans la rivière Kororo indiquent une teneur élevée en Ni-Co ; d'autres analyses intéressantes effectuées sur les croûtes d'altération ont indiqué une teneur élevée en Ni notamment à :

- 1,5 km au Sud-Ouest de Tiangel Bori,
- 3 km à l'Ouest du village de Yambèring,
- 6 km au Nord-Est de Yambèring,
- 9 km à l'Ouest de Dougountounni en bordure de la rivière Kolouma,
- 2 km à l'Est de l'embouchure de la rivière Kororo,
- Les teneurs varient de 0,01 – 0,2%

Le projet Sadeka poursuit ses travaux de recherche du nickel à 150 km de Kalia à Faranah. Selon les données tirées du rapport du symposium Mines 2011, voici le résumé des travaux effectués :

Sadeka

- Projet de Ni/Cu de Sadeka
- Situé à 150 km à l'est de Kalia
- 13 cibles très prometteuses de cuivre-nickel ont été identifiées grâce à des études géologiques qui comprennent :
- Cartographie géologique – 13 prospects d'un total de 76km2
- Géochimie des sols – 6.759 échantillons prélevés et analysés
- Levés magnétométriques au sol (35,5km2)
- Levés radiométriques au sol (175 kms linéaires)
- Levés magnétotelluriques au sol (42,2 kms linéaires)
- Carottages au diamant (2100 m à la fin April 2011)
- Un levé VTEM aéroporté est prévu pour la fin mai 2011

Perspectives et recommandations

Par analogie avec la récente découverte dans les formations anciennes de Côte d'Ivoire d'un champ nickélifère, l'on peut estimer que le potentiel guinéen en Ni pourrait exister. L'attention doit être portée dans ce cas sur les niveaux basiques, ultrabasiques du socle et particulièrement au contact socle - couverture (plateforme), notamment sur les Komatiites de Koumban et de Morinimaya dans la chaîne du Niandan-Banié, à 30 km à l'Ouest de Kankan.(Plan minéral).

Par ailleurs, il convient de poursuivre les travaux initiés par les Tchèques précisément dans la partie Sud-Ouest du massif de Kakoulima où se concentrent les roches ultrabasiques susceptibles de renfermer les teneurs intéressantes en Ni et Co.

Le traitement et l'interprétation des données de travaux géophysiques aéroportés déjà exécutés, et des images Landsat devraient aider à confirmer les possibilités nickélifères du mont Kakoulima. Car en fait, les teneurs en Ni et Co dans la partie supérieure de la coupe latéritique du minerai de fer de Kaloum, ne pourraient représenter dans certains cas, que les teneurs « appauvries » et que d'intéressantes teneurs seraient supposées être dans les couches profondes des ocres et dans les parties où se concentre le minerai argileux.

Chrome

Outre les nombreuses auréoles géochimiques signalées à l'Ouest du pays par les travaux de cartographie à 1/200 000è sur les feuilles de Kindia-Forécariah-Dabola Labé-Télimélé-Siéroumba et Youkounkoun, les opérations antérieures ont abouti à l'identification de 3 indices intéressants de chrome localisés respectivement dans :

- Le massif du Kakoulima
- La région de Yomboéli
- La région de Nzérékoré

Indice de Kouria

Situé au Nord de la localité, cet indice est révélé dans les alluvions des rivières Kolakhouré et Kitimat. Les terrains ultrabasiques du Kakoulima sont délimités par 3 auréoles géochimiques.

Région de Yomboéli

Au site des indices de fer de Yomboéli, les travaux ont signalé des terrains riches en chromites, la croûte titre jusqu'à 27% en Cr2O3.

Région de Nzérékoré

C'est Zemanek qui a signalé la présence de la chromite à 55 km de la ville du côté droit de la route menant à Beyla.

Perspectives et recommandations

Il existe de nombreuses auréoles de dispersion autour des corps basiques et ultrabasiques, auxquelles il faut ajouter 3 indices.

L'abondance de ces indices et auréoles conduit respectivement à recommander leur évaluation et une hiérarchisation dans le but de sélectionner parmi eux, ceux susceptibles de faire l'objet des prospections détaillées.

Dans cette perspective, l'indice du Kakoulima aura la faveur de faire l'objet de la première cible à étudier. Les raisons ci-après l'expliquent : accès facile, proximité de Conakry, et découverte d'une anomalie magnétique de 8 km2 environ.

Autant d'éléments qui incitent à axer les travaux sur cet indice, bien que les missions Soviétiques indiquent de faibles perspectives de découverte en raison de :

- La morphologie du massif sous forme de dyke raide à faible renflement laccolitique dans la partie Nord-Est, qui au stade de l'érosion, ne peut être propice à l'accumulation par ségrégation de la chromite.
- L'accalmie tectonique relative pendant la mise en place de l'intrusion, ce qui peut favoriser l'extrusion des liquides de fusion minéralisés susceptibles de se séparer par liquation dans les parties profondes.
- La faible puissance du massif (3-4 m) sur le plan horizontal qui prédétermine son refroidissement relativement rapide et la distribution uniforme de la substance métallifère.

Cependant, l'explosion démographique de la ville de Conakry pourrait entraver définitivement sa mise en valeur.

Etain

Les concentrés de batée provenant du Sud-Est guinéen ont révélé de la cassitérite à un seul endroit : 20 litres de sable pris à 4,5 km à l'Ouest d'Ouoro (Simandou) 8°21' de longitude Ouest 9°15'30» de latitude Nord, ont donné 4grs de concentré renfermant quelques grains de cassitérite. La cassitérite provient probablement des filons quartzeux à tourmaline caractérisant cette région de granulites assez répandus.

Aussi, sur la feuille Télimélé, la manifestation de Tangala est notée en amont de la Tangala (l'affluent droit de la Kakrima à 30 km au Sud de la ville de Télimélé et ce, dans les limites du développement des granitoïdes du protérozoïde supérieur. Aussi, on a découvert sur 2,5 km à 0,5 % de fraction lourde qui a donné 1,8-6,6 gr/tm3. Dans les conglomérats on a découvert 134 gr/t d'étain avec 190 g/t de rutile.

Des indices d'étain sont également signalés dans le chaînon du Niandan.

Cobalt

On le rencontre en association soit avec le nickel soit avec le cuivre. Cette association est particulièrement remarquable dans la croûte latéritique éluviale des dunites du Kakoulima où les teneurs de 0,7-0,92%-Ni et 0,01 à 0,03% de cobalt ont été données. Les travaux de levés ont mis en évidence plusieurs auréoles géochimiques notamment sur les feuilles de Dabola-Boffa-Labé-Télimélé-Gaoual avec des teneurs variant entre 0,001-0,01% Co.

Perspectives et recommandations

Comme aucune prospection exhaustive n'a été entreprise à date sur les nombreux complexes de roches basiques et ultrabasiques de l'archéen et du protérozoïque inférieur, a priori susceptibles d'être riches en Ni-Co, on ne peut cependant s'empêcher de dire qu'il peut exister en Guinée, des concentrations nickélifères associées à des teneurs d'intérêt économique en cobalt.

Des travaux de certification et de hiérarchisation doivent être poursuivis au regard de l'importance du Ni et du Co sur le marché des substances minérales.

A l'Est du pays, un indice a été observé sur la rive droite du Niandan à Morinimaya dans les déblais des anciens ouvrages miniers (0,1-0,2%).

La littérature mondiale connaît quelques indices de cobalt liés aux schistes graphiteux. Dans ce cas, le cobalt est généralement lié à l'uranium. C'est pourquoi cet indice mérite une attention particulière.

Titane

Les minéraux d'ilménite et de rutile se rencontrent partout dans les dépôts alluviaux des rivières et dans les plages littorales et bancs de sable de l'océan atlantique. **Fig.18**. Cependant les grandes concentrations connues à date sont localisées sur la feuille Boffa- (Cap-Verga). Par ailleurs des auréoles sont signalées sur les feuilles de Siéroumba, Labé et Kindia.

Etat des réserves

Sur quinze (15) placers prospectés, trois (3) seulement semblent être d'intérêt industriel totalisant près de 100 000 tonnes.

Il s'agit :

Gîte alluvionnaire du Cap-Verga

Il est situé sur la côte Sud-Ouest à 30km au Sud de la route de Boffa-Boké. La somme des réserves métallifères s'élève à 35 127 tonnes (CI), 17 418 tonnes (C2) et 23 173 tonnes prévisionnelles.

La situation géographique, la simplicité du traitement du sable, la possibilité d'une exploitation à ciel ouvert, ainsi que l'existence à proximité, d'autres gîtes identiques, leur confère une valeur industrielle.

Les réserves géologiques possibles sont estimées à 152 713,2 tonnes de minerai avec une teneur de 75kg d'ilménite/m3.

Gîte alluvionnaire de Dangara

Situé dans l'embouchure du marigot Dangara à 20km à l'Est du Cap-Verga ; minéraux essentiels : la glauconite (25%) et l'association ilménite 32kg/m3, rutile 21kg/m3, zircon 22kg/m3. Les réserves de sable dans la partie Sud du gîte sont : ilménite 19 380 tonnes, zircon 13 320 tonnes, rutile 12 720 tonnes. Ces réserves sont de la catégorie (C2). L'étendue du gîte est de 2 000m.

Gîte alluvionnaire de Motéba

Il est lié à la plage, à l'embouchure du marigot Motéba sur la rive droite.

Les réserves d'ilménite sont de 2 676 tonnes, le rutile : 1 684 tonnes et le ***zircon*** : 5 900 tonnes, (catégorie C2). Ce gîte est à 8km de celui de Dangara.

Il existe également un gîte alluvionnaire sur les plages de Benty (Forécariah).

Etat de la mise en valeur et recommandations

Les réserves mises en évidence jusqu'ici ont besoin d'être augmentées pour envisager une exploitation du type industriel.

Dans cette perspective, les travaux d'extension des réserves doivent être orientés sur la côte atlantique en général, et au Cap-Verga et à Benty en particulier où de larges possibilités existent par similarité avec les dépôts éluviaux de rutile de Sherbo en Sierra Léone.

Cependant, en dehors de ces possibilités de concentrations en bordure des côtes, on ne doit pas négliger les concentrations alluviales de type placer, le long des principaux chenaux de drainage de zones riches en roches basiques signalées par les missions soviéto-guinéennes ou allemandes de levé.

Carte des indices de titane Fig. 18

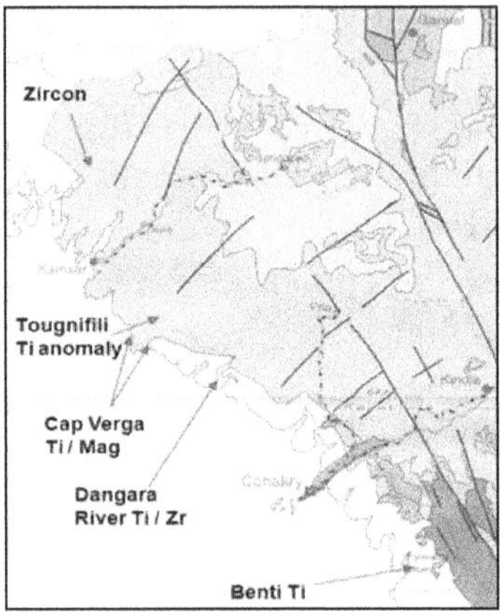

5.3. Gemmes et métaux précieux

Or

Carte de localisation des indices d'or (Plan minéral Guinée CPDM) Fig. 19

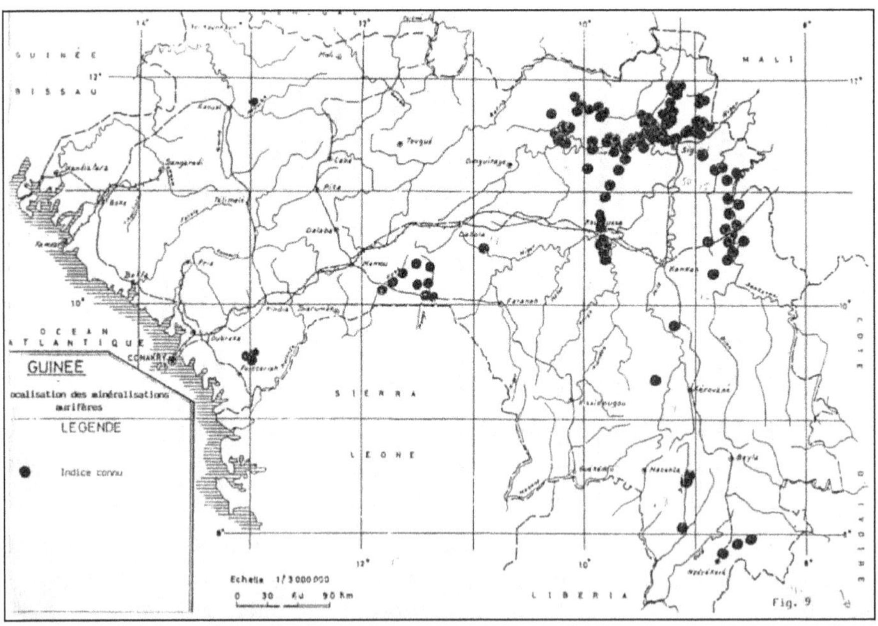

Considérations générales sommaires

La majorité des gisements aurifères en Guinée semblent appartenir au cycle magmatique post-Birrimien (2200-1900 millions d'années). L'or généralement se trouve dans les filons de quartz, dans les zones de cisaillement, produit de l'activité magmatique post-tectonique. Pour ces gisements, il existe deux régions principales : une séquence Volcano-sédimentaire des roches du birrimien supérieur (chaîne du Niandan Banié) et le bassin de Kankan-Siguiri.

Cinq (5) types de filons y sont définis : Soubako, Kiniéro, Kato, Banora et Fatoya. Le type Fatoya semble le plus important et serait la source primaire de tous les gisements alluvionnaires du Nord de la Guinée. Ces gisements sont apparentés aux zones principales de fractures de direction Nord-Est-Nord-Nord-Est.

En dehors de ces régions, on peut citer la région du bassin de la rivière Kaba dans le centre du pays, juste au Nord de la limite de la Sierra Leone avec les préfectures de Mamou et de Faranah, là où des placers peu profonds donnent des gisements à basse teneur. Il semble que ce soit une association d'or avec les amphibolites dans les roches archéennes de la région. L'âge de cette minéralisation est douteux et il pourrait être pré-éburnéen auquel cas elle pourrait être une région cible pour l'identification d'un milieu typique archéen.

Dans l'état actuel des connaissances, le potentiel aurifère est lié principalement aux vastes sillons volcano-sédimentaires Birrimien dépassant en superficie les sillons de même nature de la prolifique région minière de l'Abitibi du bouclier canadien.

En supposant que la surface couverte par les ceintures volcaniques soit un élément valable de comparaison, les sillons volcano-sédimentaires de Guinée seraient valorisés par rapport aux sillons canadiens puisqu'ils dépassent ceux-ci légèrement en superficie.

Zones aurifères

Du point de vue extension géographique, les différents travaux de recherche et de prospection effectués pour l'essentiel par les sociétés étrangères ou par les orpailleurs ont mis en évidence un total de sept (7) districts aurifères.

Il s'agit de :

- Siguiri,
- Banora,
- Niandan-Banié au Sud de Kouroussa,
- Fitaba (Marella) près des sources du Niger,

- Le bassin de la Gambie
- La région minière de Sierra-Foré à l'Est de Kindia
- N'Zérékoré en Guinée Forestière.

Des sept régions suscitées, seules Siguiri-Banora-Nianda-Banié et Fitaba recèlent des réserves de valeurs industrielles. Les terrains aurifères sont très peu répandus en dehors de ceux du bassin birrimien de Guinée. Toutefois, d'autres zones sont signalées.

Autres zones d'indices

Sur la feuille Labé, des indices de quartzites filoniens aurifères de 0,01-1gr/t ont été signalés à 3,5km en amont du confluent Bantala - Komba et dans les zones de failles subméridionales de la partie Sud-Est de la structure plissée des Bassaris.

- Sur la feuille Conakry-Forécariah, les concentrés aurifères se localisent dans la partie littorale du territoire et le long des affluents de la rivière Bofon.
- Sur la feuille Dabola où en 1971-1972 l'inter fleuve de Kaba-Mango a été confirmé l'indice aurifère, et constitue un district aurifère important du pays.
- Kindia, où une auréole intéressante dans l'extrême Ouest dans le bassin de la rivière Mèyenkhouré est signalée.
- Des travaux d'orpaillage et d'exploitation diamantifère ont connu soudain un regain d'activités dans cette zone, ce qui en confirme l'intérêt minier.
- N'Zérékoré où d'intenses activités minières sont signalées.

Types génétiques

On y trouve deux types génétiques : filoniens et placers – (« type » latéritique saprolitiques).

Gisements primaires

Il s'agit des minéralisations généralement liées aux structures quartzeuses considérées comme filoniennes.

Du point de vue morphologie on rencontre les types suivants :

- Filons isolés constitués de lentilles à pendage raide (Niandan),
- Faisceaux de filons dont la direction coïncide grosso modo avec la schistosité des roches encaissantes,

- Filonnets chaotiques notés à l'intérieur des zones tectoniques : Siguiri (Fatoya-Banora),
- Zone d'imprégnation renfermant des filonnets.

Ils sont tous intéressants.

D'après leurs particularités minéralogiques, les filons se rattachent à 5 types bien définis : Fatoya, Soubako, Kiniéro, Banora et Kato.

Placers aurifères

Dans ce groupe, on rencontre des placers éluvionnaires et alluvionnaires particulièrement nombreux dans le bassin de Kankan Siguiri.

Etat de mise en valeur et perspectives

Le bassin Birrimien de Guinée a été à une certaine époque, le centre d'intérêt de l'orpaillage en Afrique de l'Ouest.

De nos jours encore, cette aire géographique continue à occuper une place prépondérante dans cette activité vieille de plusieurs siècles.

Et, à en juger par le regain d'activité exprimé par le nombre de sites d'orpaillage et la densité de travaux de recherche minière sur l'ensemble du bassin, on est tenté de dire que la Haute Guinée en tant que région naturelle, constitue la source principale du métal jaune en Guinée.

Cependant, malgré cette immense activité d'orpaillage et de recherche minière sur le birrimien Guinéen, à date, l'on ne dispose pas réellement de données exactes sur les potentialités de ce bassin.

Certes, des travaux de recherche tactique ou ponctuelle, menés par les sociétés minières titulaires de titres miniers furent nombreux mais ont été en général limités pour qu'ils puissent cerner avec une relative précision le potentiel aurifère de ce bassin. Cependant les résultats de ces multiples travaux ont permis l'implantation de quelques sociétés aurifères dont la SAG à Siguiri, Semafo à Kouroussa et SMD à Dinguiraye. **Fig.19**

En vue d'augmenter et de préciser davantage les réserves en or, il convient d'un côté de poursuivre la cartographie thématique à des échelles appropriées, et de l'autre d'entreprendre des travaux de hiérarchisation de tous les indices signalés et d'organiser les opérations de certification et d'évaluation sur ceux présentant un intérêt évident.

Dans cette optique, seront visées outre les zones traditionnellement connues, les zones de Forécariah et Bantala. Aussi, une attention particulière doit être portée sur les gisements primaires en liaison, soit avec les niveaux de quartzites de l'archéen dans la région de Fitaba, soit avec les structures quartzeuses filoniennes ou stratiformes du Birrimien ainsi que les minéralisations de type Kalana, en liaison avec des intrusions dioritiques dans les structures des volcano-sédiments de la région de Mandiana.

La série Taban et la chaîne des Bassaris seront également étudiées pour rechercher, dans le premier cas, les minéralisations de type Tarkwa bien que l'âge différent de la mise en place des dépôts, incite à la prudence.

Dans cette optique, l'on peut raisonnablement s'attendre à un meilleur positionnement de la Guinée sur la carte minière aurifère du monde.

Diamant

Il fut reconnu que les gîtes diamantifères de la Guinée sont liés très étroitement à la tectonique des fractures régionales profondes de l'ancien continent Gondwana. Ceci est valable surtout pour des pipes et dykes Kimberlitiques qui à leur tour déterminent l'emplacement des gisements secondaires.

En Guinée, furent repérées quatre zones plus ou moins parallèles de fractures profondes de direction Nord-Ouest-Sud-Est : la zone Bonoudou-Banakoro-Kéniéba, la zone Labé-Séfadou et deux zones voisines dans la région de Kolèntè et de Forécariah ainsi que quelques zones de direction Nord-Est.**Fig.20**

Parmi ces dernières, la zone de Séfadou-Banankoro peut s'appeler la « zone diamantifère principale Guinéo-Sierra-Léonaise » laquelle borne vers le Nord l'extension des riches gisements de diamant de la Guinée.

Les principaux gisements diamantifères se situent à l'intersection de deux ou plusieurs zones tectoniques dont le nœud se trouve dans la partie centrale de la Guinée Forestière à l'intersection de Séfadou-Banankoro et Bonoudou.

On rencontre le diamant sous deux types différents : magmatiques ou primaires et sédimentaires ou secondaires. Les pipes kimberlitiques coïncident avec l'intersection de plusieurs fractures linéaires.

La plupart des placers éluvionnaires et alluvionnaires se trouvent à proximité immédiate des sources primaires. Entre 1961et 1963, huit (8) pipes kimberlitiques ont été mises en évidence.

Perspectives

Au-delà du triangle utile traditionnellement connu (Beyla-Kissidougou-Macenta) il convient de noter l'existence d'autres zones intéressantes.

En Basse Guinée et en Moyenne Guinée par exemple, on connaît quelques indices sporadiques de diamant dans la zone de Forécariah, dans les bassins de Kofion, Kilissi, Mola, dans tous les affluents de Kolèntè, ainsi que dans la région de Sériba-Labé et dans la partie moyenne du bassin du Tinkisso.

Le lien de ces zones avec les zones régionales des fractures profondes est un fait établi.

En conséquence, et d'une manière générale, il y a lieu d'envisager sur ces zones de fractures une prospection régionale préliminaire englobant des travaux multidisciplinaires de volumes beaucoup plus considérables que ceux jusqu'ici produits ; les structures annulaires décelées par les travaux de géophysique aéroportée, feraient également l'objet d'attention, et même de travaux de certification appropriés.

Etat de la mise en valeur

Plusieurs sociétés d'exploitation se sont succédé dans la zone diamantifère du Békima. Les dernières en date sont Hymex et Aredor. Le surdimensionnement des installations et les erreurs de calcul lors de l'évaluation du gisement ont été entre autres, les causes principales de la fermeture de ces installations.

De nouveaux horizons s'ouvrent néanmoins quant à la reprise des activités d'exploitation : plusieurs sociétés s'y activent. 25 millions de carats sont supposés enfouis dans le sous-sol guinéen.

Carte de localisation des indices de diamant(Plan minéral Guinée) Fig.20

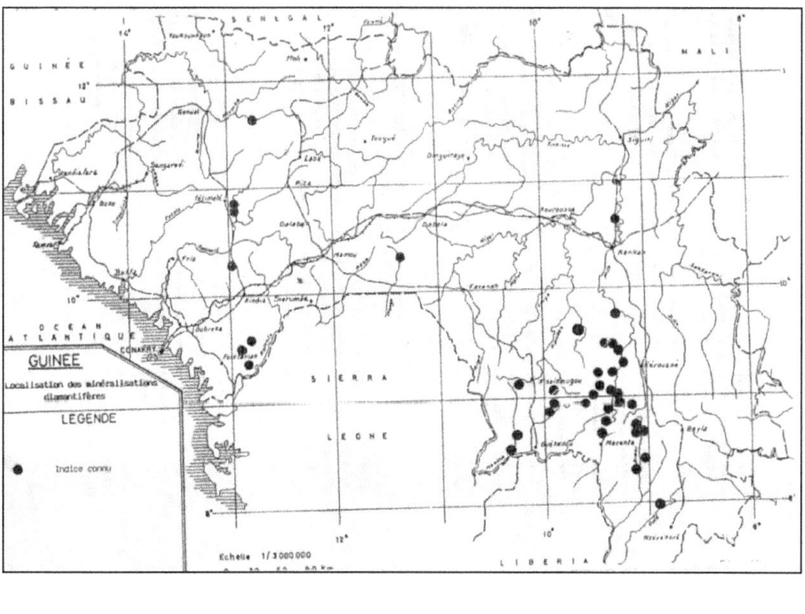

Pierres gemmes

La découverte des indices de pierres gemmes dans les zones de Kissidougou et de Guéckédou remontent aux années 1934-1939 lorsque Obermuller effectuait le levé géologique des feuilles de Kissidougou Est et Ouest.

Géo Survey international a noté la possibilité de l'existence des pierres précieuses en individualisant les structures porteuses au cours d'une exploration minière aéroportée en 1980.

Sur la base de ces informations, des missions de reconnaissance de l'ex-direction générale des mines et de la géologie se sont succédé sur le terrain et ont conduit à la mise en évidence d'intéressants secteurs à Kissidougou-Guéckédou et Macenta.

Les résultats des premiers travaux autorisent la poursuite du programme et son extension sur la feuille Boffa où des indices sont aussi signalés.

5.4. Substances non métalliques

Matériaux calcaires et dolomitiques

Calcaires

Au cours des travaux de cartographie au 1/500 000è, menés respectivement à l'Ouest et à l'Est du pays, et de quelques travaux ponctuels effectués en divers points du territoire, plusieurs gisements et indices de calcaire ont été mis en évidence.

Il s'agit principalement des gisements de :

- **Lébékéré** à **Mali** ; où les travaux de prospection détaillée ont abouti à des réserves de 19 800 000 tonnes de calcaire.
- **Kouroundé** : A 60km de Siguiri, où les travaux de prospection préalable ont conduit à des réserves de 13 950 000 tonnes.
- Gisement **d'Amaraya** : dans la vallée de la rivière kora, à 50km au Sud-Est de Kindia et à 25km de la voie ferrée. Il est rattaché à la base de la coupe de la sous-suite inférieure de Kolèntè.

Les réserves sont estimées à 16 658 819 ou 31 720 000 tonnes pour la somme des deux couches (supérieure et inférieure) avec 5,6 et 9,4m de puissance respectivement.

Etat de mise en valeur et recommandation

Les conditions hydrogéologiques relativement pessimistes, la qualité et l'enclavement expliquent globalement aujourd'hui la non-mise en exploitation de ces différents gisements déjà étudiés.

Les études de faisabilité ont été faites pour le gisement de Lébékéré (mali) et une cité a été construite à cet effet. Pour des problèmes de qualité et de financement, le projet n'a pu voir le jour.

Les études de certification de certains indices et les travaux de recherche en cours ou projetés devraient aider à mieux cerner les possibilités de la Guinée en calcaire et envisager à court ou à moyen terme la construction d'une cimenterie à l'intérieur du pays.

Guano

Le seul gisement connu en Guinée est celui de l'île d'Alcatraz. L'île se trouve dans le Shelf atlantique près de la frontière de la Guinée Bissau, habitée par environ 20 000 oiseaux de l'espèce connue sous le vocable de « fous de Bassan ». La production de guano de ces oiseaux se chiffre à 600 tonnes par an.

Le gisement s'étend sur 6 400m² avec 0,5-3,0m d'épaisseur. Le guano dont la teneur en nitrate fut lessivée par les eaux tropicales est tout simplement une chaux à phosphate dont la composition est la suivante :

- CaO-16% ; K2O-0,3-0,05% ; P2O5-22,56%-NH3+0,92%,
- Matière organique – 2,11%

Le gisement renferme plus de 12 000 tonnes de réserves industrielles, l'engrais produit serait bénéfique pour les plantations.

D'autres gisements sont signalés à Kindia (Séguèya).

Quartz cristallin

En 1961, la mission polonaise, « des indices variés » a étudié un gisement de cristaux de quartz près de Tougnifili Sanya (-21'30 latitude Nord – 14°23'15 longitude Ouest). La composition granulométrique du sable contenant des cristaux est la suivante :

Pour 2mm, le tamis a retenu 2,4% du grain dont 16% de quartz cristallin de cette fraction :

- Superficie prospectée – 9 000m²,
- Épaisseur – 1,5m,
- Volume du sable – 1 350m3,
- Quantité de quartz – 4m 3-10,4 tonnes,
- Quartz pur – 1m3 – 2,6 tonnes.

Kaolin

Le kaolin est signalé à Coyah (rivières Safékhouré et Fandjékhouré) ainsi qu'à Forécariah et Dabola).

Les réserves probables de la zone de Coyah sont estimées à près de 170 000 tonnes.

Graphite

Le graphite est signalé dans les schistes graphitiques de l'archéen (série Simandou) du protérozoïque inférieur et des schistes Graptolithiques du Gothlandien. Un seul gisement prospecté de graphite se trouve dans l'archéen à Lola, à l'Est de N'Zérékoré. Il fut découvert par l'un des géologues de la société « Ordia » prospectant à l'Ouest en 1935. Une mission de prospection fut entreprise en 1956, elle détermina les réserves.

Le gisement de Lola est long de 4km environ et puissant de 50-100m. Il se compose de couches inter stratifiées de micaschistes à graphite et quartzites. Le tout est recouvert par une couche éluviale de quelques mètres d'épaisseur.

On y a creusé 303 puits. Sur 130 fouilles positives, 84 ont donné des teneurs de 1%, 25%, 5% ; 21% et 8%. Les réserves en minerai à 8% de graphite se chiffrent à 170 000 tonnes.

Des trouvailles sont signalées dans les zones de Simandou à 2,3km à l'Est Sud-Est d'Ouleta, à Siguiri, Nianda-Baniè. Etc.

Corindon

Le seul indice sérieux fut révélé à Dabola par les missions soviéto-guinéennes de levé géologique à 1/200000è.

En effet, de beaux indices de corindon sont signalés au Sud-Est de la région près des villages de Kissia, Kassaya, Damania et Niaya.

La géologie du secteur des indices comporte les gneiss à biotite et amphibole-biotite de la suite Mongo.

Les indices constituent des éboulis de 100m² de roches à corindon gris-clair, gris brunâtre et gris-rosâtre. La grosseur de bloc varie de 20cm à 1,5m. Dans la zone, il s'agit probablement des filons et gîtes lenticulaires analogues de Marundites dont les dimensions ne dépasseraient guère 1-3m de puissance et 30-40m en direction.

D'autres indices sont trouvés à proximité des villages Dindila, Kalia, Mansadaka, PortoFita.

Perspectives et recommandations

A ce jour, les indices de Dabola, et de Koïmé-kissidougou et à Ybéma(Guéckédou) sont les seuls découverts en Guinée et qui soient susceptibles d'autoriser la poursuite des travaux de recherche.

Dans cette perspective, nous recommandons que les travaux soient poursuivis et localisés sur les aires d'extension respectives.

Phosphorite

L'indice de phosphorite fut découvert pour la première fois par les missions soviéto-guinéennes. Il se trouve dans l'inter fleuve de Milaguilagui et Canguret à 1,2km au Nord Est du village Sagban. Les concrétions de phosphorite de 3 à 7cm de dimensions ont été trouvées au niveau 20,1 et 20,5m dans un horizon de sable quartzeux à grains différents. Le volume des concrétions atteint 5 à 10% du volume des roches. La teneur en P_2O_5 est 19,1%. La roche sous-jacente est la suite Télimélé.

5.5. Substances Energétiques

Uranium

Les possibilités de découverte d'un gisement d'uranium en Guinée existent. Divers sites géologiques favorables à la minéralisation d'uranium sont identifiés.

En rappel la classification largement acceptée des gisements d'uranium, est celle adoptée par l'Agence Internationale de l'Energie Atomique (AIEA). Celle-ci est basée sur la lithologie hôte et le mode de venue de la minéralisation, plutôt que sur les considérations génétiques.

Quatre types de base de gisements sont retenus :

- Grès,
- Conglomérats de roches quartzitiques du protérozoïque,
- Filons,
- Autres.

La possibilité de trouver ces divers types en Guinée porte :

- Sur le synclinal de Bowé en ce qui concerne le type de grès. La minéralisation est plus probable en profondeur au contact entre les schistes noirs siluriens et les sédiments dévoniens.
- Le birrimien en ce qui concerne le 2ème type. Les emplacements les plus probables sont à proximité des bords des failles contre le socle archéen, bien que les teneurs soient basses. Cependant les dimensions peuvent s'étendre sur plusieurs kilomètres.

- Les granites éburnéens peuvent être une source d'uranium en ce sens qu'ils peuvent présenter des gisements filoniens de type hydrothermal. Certes les dimensions sont petites mais la quantité très élevée. Les zones de fractures sont les zones d'emplacements.
- Aussi, quelques corps d'intrusifs alcalins peuvent exister à la surface ou près de la surface. Ceux-ci semblent s'étendre sur la ligne de la zone de fractures de Conakry. Ces roches pourraient être des hôtes de gisements ortho magmatiques d'uranium apparentés aux phases finales de cristallisation de telles roches. Un autre type de gisement peut être trouvé le long du contact entre les roches cambro-ordoviciennes et le socle cristallin, un milieu qui se situe dans la région de Forécariah.

Dans l'état actuel des études, deux gros indices sont signalés à Firawa et Damaro et un troisième est signalé par la COGEMA dans la zone de Mali, non loin de la frontière sénégalaise.

CEO Forte énergie travaille sur deux indices d'uranium à Firawa et Bohoduo.Fig.21

Un intéressant indice a été mis en évidence sur plus de 5 km et les travaux notent 296PPm U3O8 de 11,6Mlbs. Les opérations se poursuivent sur les deux sites. Les résultats contenus dans le rapport du dernier symposium Mines 2011 indiquent les données suivantes : **Fig.21** bis

Carte des résultats analyses d'échantillons d'uranium (CPDM)
Symposium Guinée (2011) Fig. 21 bis

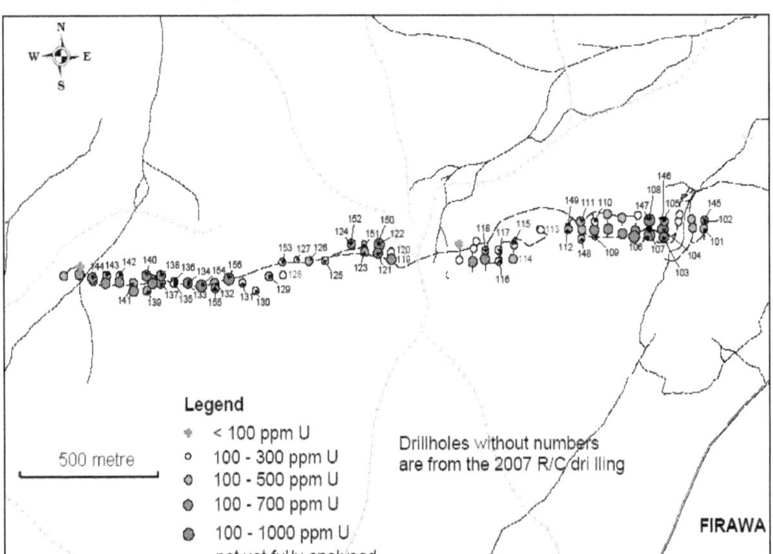

Carte de localisation des indices d'uranium
(CPDM-symposium Guinée 2011) Fig. 21

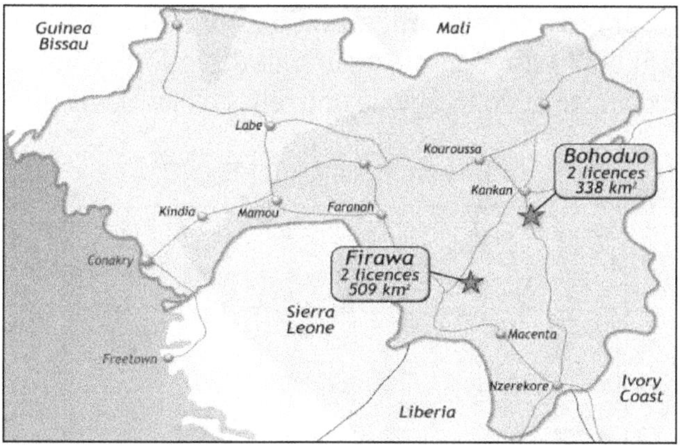

Tourbe

Hubert a noté en 1927 un dépôt de tourbe à 40km au sud-est de Conakry sur l'île de Matakang.

Pétrole

Des études ont été menées aussi bien avant, qu'après l'indépendance du pays en 1958. Les résultats de ces différents travaux ne nous sont pas connus. Toutefois, le plateau continental et le bassin primaire de l'Ouest en Guinée constituent les zones cibles. **Fig.22 et Fig.23**

Le bassin primaire à l'Ouest de la Guinée est un énorme péri synclinal limité dans les directions par des formations précambriennes.

La série primaire comprend des roches réservoirs potentiels (grès ordoviciens) ainsi que des roches-mères potentielles du pétrole (schiste cambrien et graptolitique, gothlandien).

Les roches réservoirs sont recouvertes par une couche de 400 à 500m, de schistes imperméables dans la partie centrale du bassin, couche susceptible de retenir les gaz et les hydrocarbures liquides. Les roches en question forment un brachyanticlinal aux pentes douces. L'activité tectonique post-ordovicienne n'a pas trop accidenté cette région.

Des études géophysiques et géologiques poussées devraient être menées sur ce bassin et sur le plateau continental guinéen notamment dans la zone litigieuse avec la Guinée-Bissau où des structures annulaires sont signalées.

Hyper dynamique vient de réaliser un forage dans l'offshore guinéen suite à l'interprétation des travaux géophysiques entrepris en amont. Les résultats attestent les traces de pétrole, une preuve qui confirme tout au moins que le pétrole a bien existé dans le bassin. Probablement, des évènements géologiques « indésirables »ont dû perturber le piège utile et provoquer la migration de l'or noir.

Mais jusqu'où ? La réponse est au bout des efforts continus et persévérants de recherche et de forage de nouvelles cibles du bassin guinéen.

CPDM-symposium 2011 Fig. 22

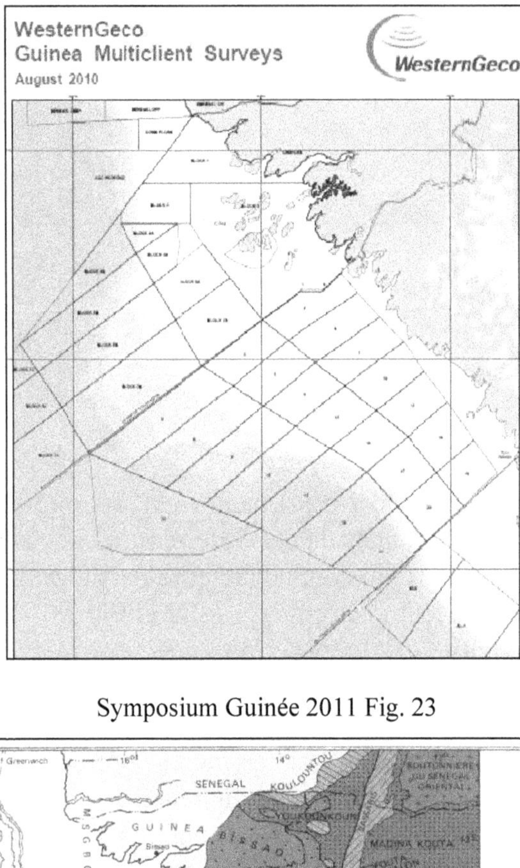

Symposium Guinée 2011 Fig. 23

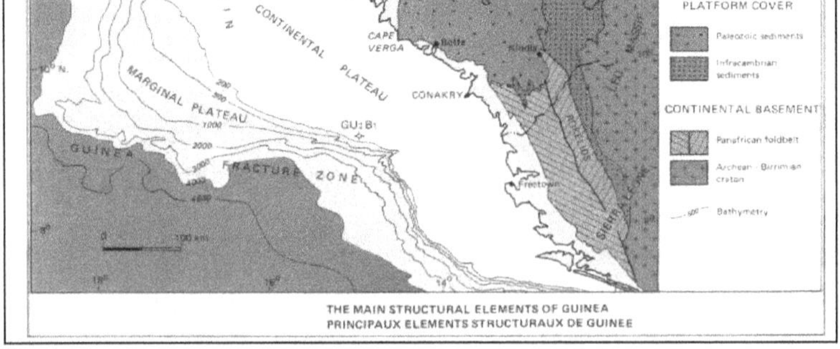

Conclusion sur la diversité identitaire du potentiel minéral de la Guinée

La diversité identitaire du potentiel minéral de la Guinée, telle qu'elle ressort, est importante et loin d'être définitivement établie. Cette carte identitaire repose dans l'état actuel des connaissances sur la bauxite, le fer l'or et le diamant. Cependant, de nombreux et intéressants indices miniers ont été mis en évidence L'analyse du contexte géologique et les réalités minières autorisent de penser que la partie immergée de l'iceberg pourrait inverser la hiérarchie des valeurs telle que celle-ci est affichée dans sa partie émergée. Dès lors, s'imposent comme préalable, la poursuite des travaux de recherches thématiques, la hiérarchisation de tous les indices signalés suivie de la certification et de l'évaluation de ceux présentant un intérêt évident.

(CPDM-Symposium Guinée 2011) Fig. 24

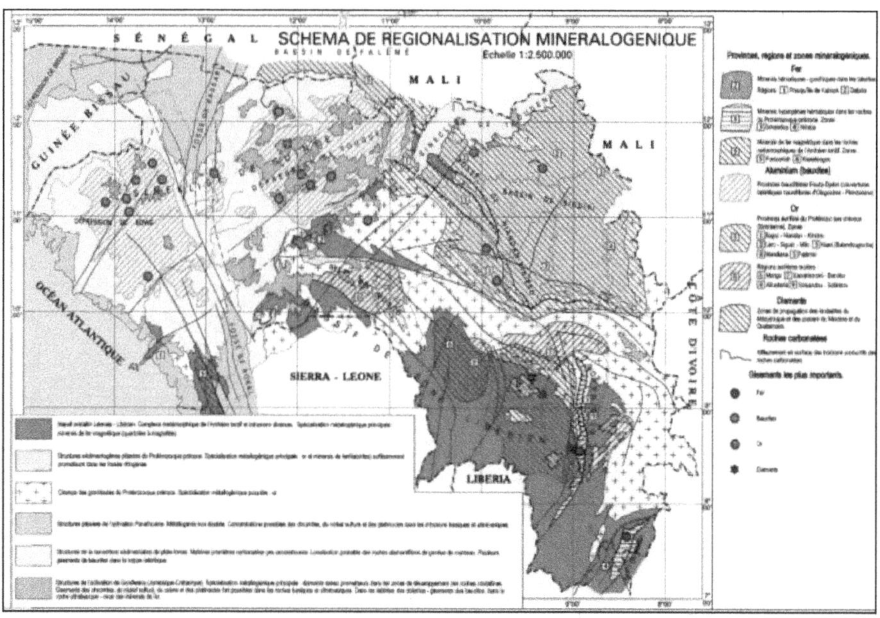

6. CONTRAINTES DE DÉVELOPPEMENT DU POTENTIEL MINIER

La nature a doté incontestablement la Guinée d'un potentiel minéral qui résulte d'une rare et exceptionnelle fertilisation croisée d'une géodynamique interne et externe.

L'analyse du contexte géologique couplée aux nombreux indices miniers, laisse apparaître aisément que d'immenses trésors seraient encore cachés dans les entrailles du socle et de la couverture.

Cependant au-delà de cette forte probabilité d'extension de la base minérale du pays, il existe un domaine plus préoccupant, c'est celui relatif à l'écart abyssal qui sépare le potentiel minéral connu et le niveau de développement économique du pays. Comment réduire cet écart et permettre à terme au pays d'occuper le siège naturel qui est le sien sur le toit minier de la planète ?

Quelles sont les contraintes générales et spécifiques qui s'y attachent ?

C'est à cet exercice que nous nous soumettons mais sans nourrir la prétention d'en embrasser l'éventail ou de trouver les solutions uniques.

L'analyse des contraintes fondamentales et spécifiques du développement minier

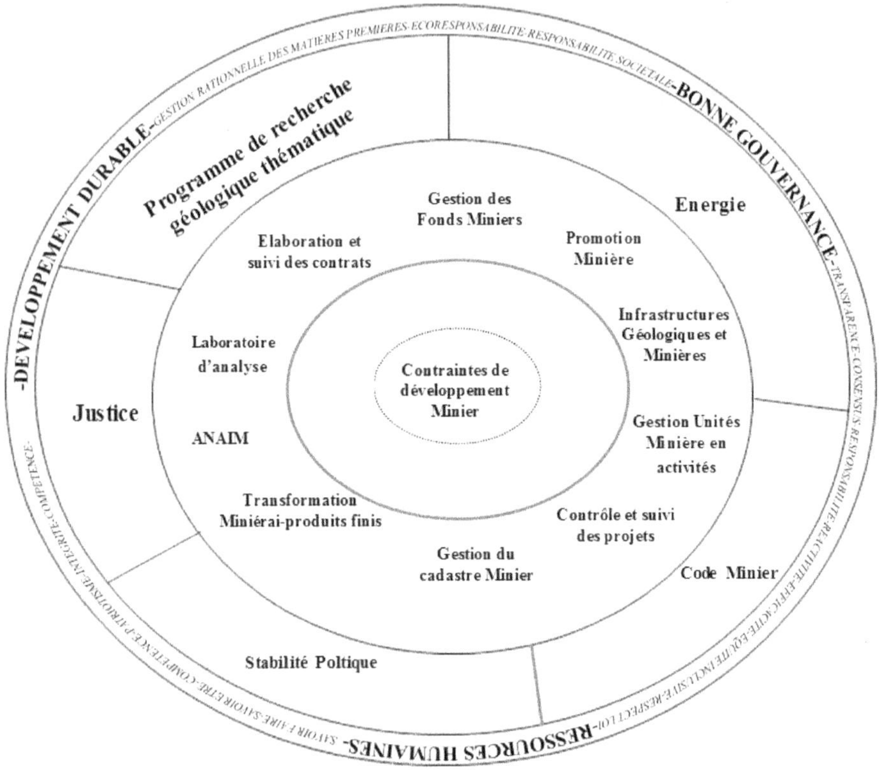

1. Contraintes fondamentales

a) Gouvernance

La gouvernance, c'est le processus de prise et d'application des décisions C'est un idéal qu'il est difficile d'atteindre totalement. Toutefois, pour garantir le développement humain, des actions doivent être entreprises pour tendre vers cet idéal dans l'objectif d'en faire une réalité. La bonne gouvernance présente 8 caractéristiques majeures : participative, consensuelle responsabilité, transparence, réactivité, efficacité, équité inclusive, respect loi. Tant au niveau national qu'au niveau de l'entreprise, il s'agit de faire en sorte que l'ensemble des organes et règles de décision, d'information et de surveillance permette aux ayants droit et partenaires, de voir leurs intérêts respectés et leurs voix entendues. Autrement dit, il faut mettre en place des principes et pratiques qui aideront à créer une saine culture de gestion du patrimoine du pays à l'occurrence les ressources minières du pays.

b) Développement durable et Responsabilité sociétale d'entreprise RSE

Il faut réduire le risque prévisible d'inadéquation entre ressources et besoins. Il s'agit de privilégier la préservation des ressources minières : éviter d'en altérer la qualité et n' en utiliser que le strict nécessaire. Il ne s'agit pas de sacrifier le futur au présent, ou nier les besoins actuels au profit du futur, mais il s'agit de se préoccuper des besoins futurs des générations qui nous succéderont. En matière de responsabilité sociétale d'entreprise, les entreprises minières doivent comprendre que la RSE est un puissant outil de prévention des risques et conflits ainsi que de dialogue avec les communautés riveraines. C'est également un levier de promotion de pratiques et de valeur éthiques universelles. En fait, il s'agit de rappeler à l'entreprise son rôle dans la société et pas seulement sur le marché, lui demander de privilégier les fins aux moyens, les résultats aux intentions, savoir jongler entre le court terme et le long terme, entre la coopération et la concurrence.

Pour garantir leur pérennité, les entreprises n'ont d'autre choix que de comprendre et d'accepter de se considérer comme une richesse nécessaire à leur environnement. Cette acceptation de ce risque sociétal doit être basée sur la transparence, l'éthique, le respect des intérêts des parties prenantes, la légalité, et le respect des normes de comportement internationales et droits humains.

Autrement dit, de façon volontariste, les entreprises doivent contribuer à répondre à une forte demande des parties prenantes. Elles se doivent de transformer leurs préoccupations en contraintes de développement durable et en opportunités de paix et de quiétude sociale. Cependant, il convient de souligner que cette contribution n'est pas synonyme de mécenat ou de philanthropie, encore moins comme des actions sociales et environnementales ponctuelles, ou de phénomène de mode orienté uniquement sur l'image de marque de l'Entreprise. En effet, les Entreprises ne doivent pas se substituer à l'Etat dans sa mission régalienne de développement socio-économique du pays.

Cette démarche citoyenne et partenariale des Entreprises :

- Procure des avantages concurrentiels sur le marché,
- Améliore la réputation d'image de l'Entreprise vis-à-vis des parties prenantes,
- Renforce la capacité à attirer et à retenir les salariés et clients,
- Ouvre la possibilité d'accéder aux financements des investisseurs de plus en plus exigeants en matière environnementale et sociale,

- Préserve et renforce de meilleures relations avec les communautés, pouvoirs publics, médias, fournisseurs et clients.

c) Ressources humaines

C'est le maillon sensible et faible de tout processus. C'est aussi le capital savoir et savoir-faire caché dans les cerveaux et dans les bras des hommes et femmes indispensable pour garantir la bonne gouvernance et faire tourner professionnellement la boutique. C'est le vecteur clé du changement dans la gestion pluriannuelle, efficace et participative du secteur minier. Pour ce faire, le personnel en charge du secteur minier doit être formé aux rythmes des innovations technologiques, demeuré intègre, réactif, patriote, compétent et « connecté »aux exigences et caprices du marché du village minier planétaire. La gestion des compétences et des connaissances est le garant de la pérennité de toute entreprise, un atout majeur concurrentiel. Cela doit être le résultat d'une volonté stratégique de travail collectif managérial, transversal permanent et multidimensionnel. Sans une telle approche, le développement du secteur minier est compromis avant longtemps.

2. Contraintes spécifiques

a) Code Minier

C'est l'élément fondamental qui régit juridiquement l'ensemble des activités amont et aval du secteur minier. Une relecture et une analyse critique et objective du code minier en vue de procéder à une révision intelligente sont à envisager chaque fois que le marché et l'environnement l'exigent : il s'agit de garantir un partenariat basé sur le principe de gagnant–gagnant. Le nouveau code minier récemment adopté s'inscrit dans cette logique. Cependant, acteurs et décideurs du secteur minier doivent demeurer vigilants et réactifs à la « rotation » de la terre dans ses mutations ou changements naturels et/ou artificiels possibles.

b) Energie

C'est un des éléments majeurs sans lequel toute politique d'industrialisation est vouée soit à l'échec soit à la stagnation. L'énergie est vitale à la croissance économique. Le pays doit chercher à mettre en valeur ses immenses potentialités hydro-énergétiques estimées à 6000 Méga watts. Les nouvelles orientations en cours axées sur le développement du potentiel hydro-énergétique (Kaléta, Fomi etc..) devraient contribuer à relancer le secteur minier et la croissance économique. La voie de l'énergie verte doit être aussi explorée.

c) Stabilité politique

La stabilité politique est un facteur déterminant pour attirer et fidéliser les investisseurs dans un pays. En effet, il existe une nette corrélation entre flux d'investissements directs et stabilité politique. Il est évident qu'aucun investisseur ne viendra s'installer dans un pays et injecter des capitaux, où révoltes, crises, contestations et grèves sont institutionnalisées ou sont affaires courantes.

d) Justice

C'est un critère de premier ordre non négociable pour améliorer et maintenir le climat des investissements. Dans un pays où la justice est absente ou injuste, aucun investisseur ne frappera à la porte pour injecter ses capitaux ou s'y installer. L'investisseur a besoin d'un environnement où la justice est forte et appliquée égalitairement à tous.

e) Connaissance des richesses du sol et du sous-sol

Il est impératif d'abord et avant tout de connaître ce que renferment le sol et le sous-sol en terme de qualité, diversité, réalités et potentialités géologiques et minières. En effet c'est autour de ce capital connaissance que toute la stratégie de gestion efficace et pluriannuelle du secteur minier doit se bâtir. Ceci suppose l'élaboration et la mise en œuvre de programmes pluriannuels de recherches géologiques et minières réalistes et réalisables. C'est là déjà une des contraintes majeures à lever.

f) Gestion des unités minières en activité

Une bonne gouvernance s'impose pour attirer les investisseurs et accroître la part du secteur dans le PIB. Les gestionnaires des secteurs en activité doivent favoriser une saine culture d'entreprise en prônant la transparence, socle de la confiance et du progrès. En effet, contrôler signifie, s'assurer que les activités se déroulent dans les règles de l'art à tous les niveaux conformément aux intérêts et aux objectifs de développement. Concrètement, cela suppose au moins un droit de regard sur :

- La détermination des niveaux de production,
- La politique de l'emploi,

- La commercialisation des produits,
- Les achats,
- Le financement des opérations,
- La répartition des résultats,
- La politique d'investissement et de réinvestissement.

g) Elaboration et suivi des Projets

Tous les projets initiés doivent être porteurs de développement et de croissance économique. Ils doivent être réalistes et réalisables. Aussi, ils doivent être suivis par un comité composé des parties prenantes afin d'assurer une conduite transparente de tous les volets du projet sur la base d'une confiance mutuelle. Il s'agit de favoriser la gestion participative et la transparence, qui constituent le socle de la confiance et du développement.

g.1. Tableau des méga projets miniers (CPDM)

Nom du projet	**Produit (Site Région)**	**Capacité (tonnes par an)**	**Partenaires**
PUAK : Projet d'usine d'alumine de Kamsar	Alumine Kamsar Boké	**1.67 million ; ensuite 5 millions**	Guinée, ALCOA, Rio Tinto ALCAN
PUAS : Projet d'usine d'alumine de Sangarédi	Alumine Sangarédi Boké	**3 millions**	BHP Billiton, Dubaï Aluminium Company et Mubadala Development company
COBAD Complexe de Dian-Dian	Bauxite Alumine Aluminium	**15 millions 2.8 millions 0.140 millions**	RUSAL
Simandou	Fer Simandou Beyla	**25 millions 40 millions 100 millions**	Rio Tinto, Chinalco
Mifergui Nimba	Minerais de fer	**20 millions**	BHP- Billiton, américaine Newmont - La Source, et Française Aréva
Trans-Guinéen & Port en eau profonde	Minerais de fer	**700 km env.**	Rio Tinto, Chinalco

g.2. Tableau récapitulatif des projets miniers et leurs réserves

MINISTERE DES MINES ET DE LA GEOLOGIE DIRECTION GENERALE DES PROJETS MINIERS(DGPM)

PROJETS	**SUBSTANCES EXPLOITEES**	**ZONES D'EVOLUTION**	**RESERVES**
West Africa Exploration	Fer	Lola	120 Mt (teneur › à 65% de fer)
Souguéta Mining	Calcaire	Kindia	20 Mt
Alufer	Bauxite	Boffa	81 Mt (44% Al_2O_3 .1,8%SiO_2)
Bellzone	Fer	Faranah	8 Mdt
Henan Chine	Bauxite-Alumine	Télémélé - Boké	520 Mt (43%Al_2O_3-2,5%SiO_2)
IMD	Alumine	Fria/Télémélé/Dubréka	400 Mt
CPI	Bauxite-Alumine	Boffa	900 Mt
Wega Mining	Or	Mandiana	8,2 Mt (1.694g/t à 2 g/t)
Projet Kabata	Alumine	Kamsar	-
AMC	Bauxite	Gaoual	400 Mt (49%Al_2O_3-1,7%SiO_2)
Dian-Dian	Bauxite-Alumine	Boké	637 Mt
SBDT	Bauxite	Dabola-Tougué	600 Mt
Simfer (Simandou Sud)	Fer	Beyla/Kérouané	2,2 Mdt
Simandou Nord (Zogota)	Fer	N'zérékoré	2 Mdt
GAC	Bauxite/Alumine	Boké	-
SMFG	Fer	Lola	750 Mt

Autres Projets en phase de Recherche avancée

PROJET	**SUBSTANCES**	**ZONE D'EVOLUTION**	**RESERVES**
Sky Alliance	Fer	Forécariah	-
SBG	Bauxite	Kindia	-
AMG	Bauxite	Boké (Batafond)	-
Cassidy Gold	Or	Kouroussa	-

LEGENDE

Mt- Million de tonnes / **Mdt-** Milliard de tonnes / **CPI-**China Power Investment / **AMC-** Alliance Mining Commodities / **AMG-** Atlantic Mining Guinea (Batafong) / **SBG-**Société des Bauxites de Guinée / **GAC-** Global Alumina Corporation / **AMG-** Atlantic Mining Guinée / **SMFG-**Société des Mines de Fer de Guinée / **IMD-**International Mining Development / **SBDT-**Société des Bauxites de Dabola Tougué g.3 Tableau récapitulatif des sociétés et projets miniers

MINISTERE DES MINES ET DE LA GEOLOGIE Conakry, Avril 2014

Société	Substances Exploitées	Zones d'évolution	Production annuelle	Titre Miniers	DATES		Emplois à créer /Exploitation	Actionnariat %		Investissement(USD)	Partenaires
					Conventions	Démarrage		Etat Guinéen	Parte-naires		
CBG	Bauxite	Boké	14,5 Mt	Concession	1963	1973	2328	49	51	-	Alcoa-Rio Tinto-Dadco
CBK	Bauxite	Kindia	3,4 Mt	Concession	Accord URSS 1969	1972	800	-	100	-	Russal
ACG	Alumine	Fria	0,8 Mt	Concession	1960	Privatisé en 2006	1100	-	100	Arrêt depuis Avril 2012	Russal
SAG	Or	Siguiri	274 000 onces	Concession	Mars 85	Janvier 87	2000	15	85	-	Anglo Ashanti
SMD	Or	Dinguiraye-Siguiri	243 000 onces	Concession	Mai- 90	1995	2000	-	100	-	Nord Gold
SEMAFO	Or	Kouroussa	13 600 onces	Concession	2002	2003	250	15	85	-	Maroco-Canadien
GDC	Fer	Forécariah	1 500 000 t	Permis d'exploitation	2012	2012	370	15	85	-	Guinée-GDC
Guiter Mining	Diamant	Kérouané	15 000 Carats	Permis d'exploitation	2011	2011	290	15	85	-	Guiter
West Africa Exploration	Fer	Lola	10 Mt	Permis d'exploitation	2013	2015	-	15	85	-	Anglais-Australien
Souguéta Mining	Calcaire	Kindia	500 000 t	Permis d'exploitation	2013	2014	500	15	85	En Développement	Diamond Cement Guinea
Alufer	Bauxite	Boffa	10 Mt	Permis d'exploitation	2013	2015	1 100	15	85	22 millions	Sud Africain Australien
Bellzone	Fer	Faranah	50 Mt	Concession	2010	2015	3 500	15	85	4,5 milliards	Bellzone-CIF

Henan Chine	Bauxite-Alumine	Télémélé-Boké	10 Mt Bauxite/3Mt Alumine	Concession	2010	-	3 500	15	85	2,7 milliards	Province de Henan
IMD	Alumine	Fria/Télémélé/Dubréka	3 Mt	concession	2012	2019	1600	15	85	2 milliards	Kankandé Alumina Compagny
CPI	Bauxite-Alumine	Boffa	10 Mt	convention	2013	2017	3500	15	85	6 milliards	CPI InternationalMineral
Wega Mining	Or	Mandiana	55 000 onces	Permis de Recherche	-	2014	447	15	85	20 millions	Groupe Avocet
Projet Kabata	Alumine	Kamsar	1,5 Mt	convention	2006	2017	1200	15	85	2,5 milliard	Alcoa –Rio Tinto/ALCAN
AMC	Bauxite	Gaoual	7 Mt	Convention	2010	2015	750	15	85	1 milliard	Australien/Anglais
Dian-Dian	Bauxite-Alumine	Boké	15 Mt bauxites/ 2,8 Mt Alumine	Convention	2001	2015	2500	15	85	4 milliards	Rouski Alumini Management
SBDT	Bauxite	Dabola-Tougué	4 Mt	Convention	1998	-	1500	15	85	2,4 milliards	IMMIDRO-IRAN
Simfer (Simandou Sud)	Fer	Beyla/ Kérouané	95 Mt	Accord Transactionnel	2011	-	3000	15	85	20 milliards	Rio Tinto-Chinalco
Simandou Nord (Zogota)	Fer	N'Zerekoré	30 Mt	Convention	2009	-	3500	15	85	2,5 milliards	VALE/BSGR
GAC	Bauxite/ Alumine	Boké	2,8 -3,9 Mt d'alumine	Convention	2004	2017	1500	15	85	5,2 milliards	Mubadal-Dubal Aluminium
SMFG	Fer	Lola	30 Mt	Convention	2003	-	4000	15	85	3,5-6 milliards	Newmont, Areva, Bhp Billiton

Autres Projets en phase de Recherche avancée

Projet	Substances	Zone d'Evolution	Partenaires	Etat d'Avancement
Sky Alliance	Fer	Forécariah	West Africa Iron Corporation	- Trois années de recherches bouclées avec une ressource de 2,9 milliards de tonnes ; - Etude de faisabilité projetée en Octobre 2014 ; - Démarrage en 2015
SBG	Bauxite	Kindia	BAGR Berliner Aluminiumwerk/ Monaco Ressources Group.	- Rapport conceptuel en cours d'élaboration
AMG	Bauxite	Boké (Batafond)	Worlwide Ltd/Jahvaun Investment Ltd	- Etude de faisabilité en cours ; - Achèvement et présentation du plan Environnemental et Social
Cassidy Gold	Or	Kouroussa	Canadien	- Etude de faisabilité achevée ; - Mise en place de financement en cours

Conakry, Avril 2014

LEGENDE

Mt- Million de tonnes / **CBG**-Compagnie des Bauxites de Guinée **CPI**-China Power Investment / **CBK**-Compagnie des Bauxites de Kindia **AMC**- Alliance Mining Commodities / **ACG**-Alumina Compagnie Guinea **SBG**-Société des Bauxites de Guinée / **SAG**-Société Ashanti Gold Field Guinée **SBDT**-Société des Bauxites de Dabola Tougué / **SMD**-Société Minière de Dinguiraye **GAC**- Global Alumina Corporation / **SEMAFO**-Société d'Exploitation Minière Afrique de l'Ouest **SMFG**-Société des Mines de Fer de Guinée / **GDC**-Guinea Development Corporation / **AMG**- Atlantic Mining Guinée / **IMD**-International Mining Development

h. Infrastructure minière ANAIM

L'existence d'infrastructures minières de base solides et fiables est vitale pour non seulement garantir la poursuite des travaux de valorisation de nos richesses mais également favoriser la mise en oeuvre de nouveaux projets. L'Etat doit en faire une priorité et un élément de souveraineté du pays.

Fig.26

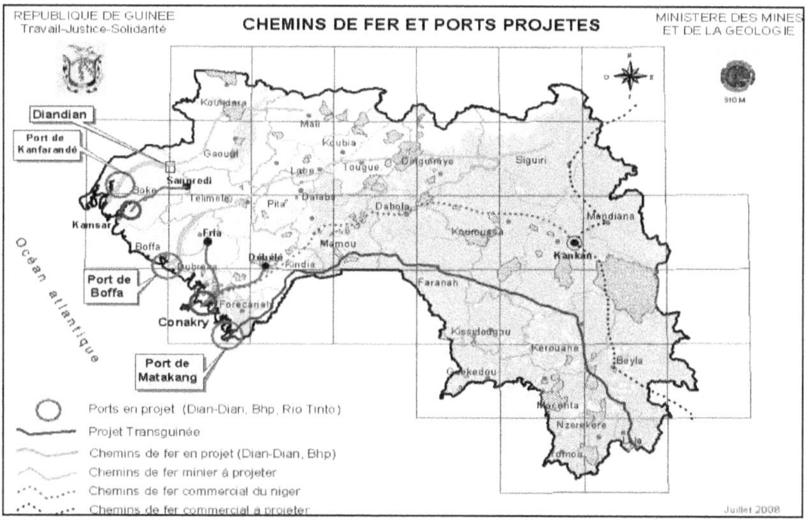

Par ailleurs, la gestion transparente des revenus découlant de l'exploitation de ces infrastructures est aussi vitale pour assurer la disponibilité, la maintenabilité, l'extension et la rentabilité.

i. Etablissement d'un système d'information géologique et minière – (SIGM) Banque de données

La promotion du secteur minier dépend largement de la fiabilité et de la gestion des informations disponibles.

Sève nourricière du développement minier du pays, et résultante de tous les efforts amont et aval des différents travaux de recherches géologiques et minières, cette banque des données constitue la mémoire du secteur minier et l'outil d'orientation et d'aide à la décision pour les acteurs et décideurs du secteur minier.

En effet, aucun secteur minier ne peut se développer sans une banque des données géologiques et minières géoréferencées, fiables et disponibles. L'état doit en faire un précieux outil de négociation et de fidélisation des investisseurs.

j. Engagement

L'engagement de l'Etat est fondamental pour garantir les conditions nécessaires en vue de créer et maintenir un climat propice à l'investissement et aux investisseurs : justice, paix, transparence, équité et coopération sont requises de la part des responsables pour attirer les investisseurs et promouvoir le développement et la confiance entre les parties prenantes.

k. Transparence

C'est le socle de la confiance, de la justice, de l'équité et du développement. C'est un élément primaire pour garantir les investissements dans le pays. Toutes les actions et décisions doivent être sous-tendues par l'esprit de transparence, afin de créer un climat convivial, basé sur la confiance mutuelle.

l. Les contrats

Les négociations des contrats doivent être menées selon l'éthique, dans un esprit de partenariat gagnant-gagnant basé sur la confiance et l'engagement mutuel des parties prenantes. C'est la clé du succès. En effet, l'avenir de l'entreprise, dépendra du comment a été négocié le contrat et de son interprétation sur le terrain : d'importants enjeux dont la pérennité de l'entreprise en sont liés.

m. Une promotion minière agressive

C'est le guichet unique (Centre de promotion et de développement minier CPDM) dont la performance, l'équipement, les données disponibles et le savoir-faire sont indispensables pour occuper le marché et séduire les nombreux investisseurs miniers. Elle doit être agressive, prospective et dynamique pour fidéliser ceux en place et attirer les nouveaux investisseurs de plus en plus exigeants vis-à-vis des données fiables et mises à jour. Car une banque des données pourrait devenir rapidement une denrée périssable si elle ne suit pas le terrain.

n. Transformation des minerais sur place

La transformation des minerais est à la fois le résultat et l'un des enjeux d'un système de rapports complexes et conflictuels entre les différents acteurs de terrain :

Les firmes étrangères sont peu enthousiastes à transformer sur place les minerais pour les arguments suivants :

- Absence d'une main-d'œuvre qualifiée,
- Absence des consommables intermédiaires,
- Absence d'un marché local pour les produits finis,
- Qualité, souplesse et qualité d'approvisionnement exigées par les consommateurs,
- Législations pénalisant l'entrée des matériaux transformés dans les pays industrialisés,
- Différence des coûts unitaires de transport selon le degré de transformation,
- Le risque politique.

En face, nous avons des facteurs de compétitivité de transformation dans les pays en voie de développement :

- Réduction des coûts de transport,
- L'existence d'une main d'œuvre à coût plus faible,
- Les législations sur l'Environnement contraignantes dans les pays industrialisés,
- Des sources d'énergie abondantes.

Les arguments pour la Guinée doivent reposer sur :
Les effets d'entraînement liés au développement économique et aux avantages financiers.

S'agissant des effets d'entraînement de développement, il y a lieu de citer : la création d'emplois et d'acquisition de qualification, la possibilité de développement de technologies adaptées, la création d'infrastructures complémentaires ou de base, et d'activités connexes, la substitution d'importation et d'élargissement du marché local, l'acquisition de compétences.

Quant aux avantages financiers, ils reposent sur l'augmentation de la part des rentes appropriées, l'augmentation de la valeur ajoutée locale, des recettes d'exportation, des recettes fiscales de l'Etat. L'Etat doit exiger prioritairement des partenaires, -dans des conditions à convenir- la transformation sur place des produits miniers.

o. Le développement thématique de la recherche géologique et minière

L'exploitation des gisements connus après la deuxième guerre mondiale, l'augmentation de la consommation et le progrès des techniques d'exploitation (mécanisation et traitement) des minerais, ont profondément modifié les données et l'esprit de la recherche minière. La démarche intellectuelle qui correspond à ce nouveau type de recherche n'est plus centrifuge et procédant d'indices affleurant mais centripète et indirect.

Elle consiste à choisir a priori un espace géologique favorable au type de minéralisation et à le <<ratisser>> suivant des méthodes pluridisciplinaires appropriées.

En Guinée, d'éminentes personnalités du monde géo scientifique ont honoré le pays de leurs études et travaux menés en divers points et à diverses échelles ayant cerné par endroits le poids et la qualité des ressources minières et dégrossit le cadre géologique. Cependant, d'importantes zones supposées stériles pourraient à la faveur de nouvelles recherches réserver des surprises agréables et impulser une nouvelle dynamique au secteur minier guinéen.

La nécessité de poursuivre le programme de recherches géologiques stratégiques et tactiques s'impose comme une nécessité géo scientifique et économique.

Dans cette optique, nous proposons des thématiques de recherche et de cartographie, outils indispensables à une gestion efficace du secteur minier.

Poursuite de l'établissement de l'infrastructure géologique et minière à des échelles différentes

Justification et objet

Malgré le caractère de risque maximal que revêt son investissement, la carte géologique est le document fondamental de la recherche des gîtes minéraux, un instrument de recherche scientifique de premier ordre. En effet, elle joue un rôle double : d'une part, orienter la recherche des indices de minéralisations, et d'autre part, offrir les éléments indispensables pour interpréter les indices trouvés.

Par ailleurs, la carte géologique est le reflet de la permanente évolution des concepts de la géologie, la traduction du savoir-faire d'une équipe, de sa compétence pour analyser, comprendre et traduire en termes et images transmissibles à d'autres, les réalités de l'organisation et de l'histoire de l'évolution géologique d'une zone géographique déterminée.

Préalable à la mise en place d'un mécanisme de gestion pluriannuelle efficace du secteur minier, la cartographie géologique régulière est le moyen primordial qui permet de gérer de façon homogène et réfléchie à l'échelle d'un territoire, les données géologiques de base indispensables à toute gestion localisée, nécessitant une connaissance du sol et du sous- sol (Aménagement du territoire et Gestion des Ressources Naturelles).

Support basique et quasi incontournable du développement économique, l'élaboration d'une carte géologique à différentes échelles constitue pour l'Etat une tâche prioritaire. Aussi, compte tenu du caractère général de son intérêt, de la multiplicité de ses applications, l'élaboration de la carte géologique doit être menée conjointement avec l'exploration minérale. En effet, l'expérience a montré qu'une séparation de la cartographie géologique et de la recherche minière s'est toujours avérée sérieusement défectueuse. La pratique a montré qu'une quantité de gisements peut échapper aux équipes, de même la qualité de la carte géologique s'en trouverait diminuée.

L'établissement d'une carte de gîtologie prévisionnelle

Justification et objet

La lecture de la carte des minéraux utiles du pays laisse entrevoir des zones supposées stériles. En matière de recherches minières, il faut se garder de faire des conclusions hâtives. Malgré les progrès enregistrés dans le domaine de la géoscience, celle-ci n'a pas fini de « passer au peigne fin » toutes les entrailles du sol et du sous-sol. Aussi, faut-il rappeler que la géologie n'est pas une science exacte mais bien une science d'observation utilisant et reposant certes, sur les outils de la science.

Plusieurs arguments s'opposent à ne pas abandonner définitivement les zones considérées a priori stériles :

1. Les conditions économiques changent dans le temps,
2. De nouvelles matières sont exploitables,
3. Il peut exister des gisements cachés ayant échappé jusqu'ici aux méthodes conventionnelles ou non appropriées au but poursuivi,
4. La valeur de l'individu étant déterminante, le géologue chargé n'étant pas préparé à l'opération,
5. La zone à prospecter étant limitée dans l'espace.

De manière classique, l'établissement d'une carte de gitologie prévisionnelle doit pouvoir répondre à quatre questions à savoir :

- Quelle substance est-il raisonnable a priori de chercher sur le territoire cartographié ?
- Quels types de gisements peut-on espérer y rencontrer ?

- Où peut-on recommander de chercher une substance déterminée ?
- Comment (avec quelle méthode) faut-il aborder la recherche ?
- Cette carte s'obtient par la superposition de trois documents à savoir :
  - –La carte lithologique + sédimentologique + paléogéographique,
  - –La carte tectonique,
  - –La carte des minéralisations connues + interprétation photo géologique et géophysique de la zone.

Cette superposition met en évidence des contextes géologiques réels de minéralisation ainsi que les zones à prospecter où l'on retrouve les mêmes contextes. Ainsi, sur la carte sont reportés tous les indices de minéralisations ou la plupart d'entre eux, avec leur contexte géologique afin de déterminer les métallotectes contrôlant la minéralisation et de prévoir ainsi de nouvelles zones minéralisées ou l'extension des zones connues.

Carte de synthèse à l'échelle 1/500 000

L'objectif d'un tel document, est de rassembler d'une part les informations présentées sur les cartes levées à des époques et par des géologues différents, et d'autre part, de corréler les séries et les formations géologiques entre elles. Une telle synthèse, permet la compréhension de l'évolution géologique du pays et définit mieux les zones métallogéniquement favorables.

Carte minière

Elle correspond à une préoccupation d'ordre économique. Elle montre outre, la répartition et la situation géographique des mines exploitées ou exploitables, la nature des minerais extraits, l'importance de la production ou des réserves, l'orographie, les voies d'évacuation des minerais. C'est un outil de base de la promotion minière.

Carte métallogénique

Elle représente les rapports entre les concentrations minérales et le milieu géologique. Partant des données des cartes des gîtes minéraux et des lois établies par la science métallogénique, cette carte montre, une répartition des gisements suivant leurs genèses présumées.

La carte des gîtes minéraux, ainsi que les données géologiques récentes, servent de document de base à l'établissement de la carte métallogénique. Celle-ci permet un rapprochement utile avec les cartes voisines.

Carte des gîtes minéraux

Justification et objet

Elle donne le maximum de renseignements sur les caractères propres des gîtes. Elle rassemble les faits d'observation sur les concentrations minérales en dehors de toute hypothèse et donne la situation dans le cadre géologique, l'importance de l'accumulation minérale, la forme du gisement, le type de minéralisation, la nature des éléments constitutifs des minéraux exprimés et leur importance relative, la nature des minéraux de la gangue, la nature des roches encaissantes. Cette carte est fondamentale. Elle résume dans le détail les informations sur les gîtes minéraux connus. Elle doit être établie et souvent mise à jour à la lumière des résultats de terrain et ce, pour le bénéfice des intervenants et professionnels du secteur minier.

Les travaux de certification et d'évaluation

Justification et objet

Ce programme vise d'une part, à élargir la base minérale du pays, à procéder à la mise à jour de la carte des gîtes minéraux, et d'autre part, à assurer une meilleure connaissance du potentiel minéral du pays. Des fiches d'indices et de gisements, doivent être établies et rendues disponibles pour le bénéfice d'une promotion minière mieux outillée.

En effet, le fichier d'indices est une formule documentaire qui réalise l'optimum de ce que peut espérer trouver le géologue qui va prospecter une région, en ce sens qu'il rassemble tous les renseignements acquis sur les indices déjà découverts dans une région donnée. Soigneusement réalisé, le fichier a l'avantage d'éviter que les travaux antérieurs soient recommencés. Mais le fichier doit être mis à jour à la lumière des résultats des travaux réalisés.

p. Musée géologique

Justification et objet

Les multiples travaux de recherches à diverses échelles menés ou à mener en divers points du pays, se réalisent sur la base de la collecte, de l'enregistrement, l'analyse et l'interprétation de nombreux échantillons. Ceux-ci sont soigneusement collectés sur la base de leurs valeurs et de l'intérêt qu'ils présentent ou pourraient présenter. En effet, ces nombreux échantillons à usage multiple ont l'avantage de fixer en un point le paysage géologique et de reproduire le contexte géologique d'un secteur ou d'une région donnée. L'analyse et la lecture de ces échantillons aux différents faciès, permettent d'un côté d'évaluer les possibilités prévisionnelles en ressources minérales, de l'autre de comprendre et de faire une meilleure lecture et interprétation du contexte et de l'histoire géologique de la région donnée.

En définitive, ces données obtenues doivent servir pour les acteurs et décideurs du secteur minier d'outils d'orientation et d'aide à la décision.

Voici tant de raisons qui justifient la nécessité pour un pays comme la Guinée de posséder un musée géologique à la dimension de ses potentialités géologiques et minières. Ce musée doit également jouer le rôle didactique et de promotion qui est le sien dans le secteur minier.

En effet, l'absence d'un musée géologique digne et représentatif dans un pays comme la Guinée où le secteur de la géologie et des mines constitue un des fondements du développement économique, pourrait être interprété comme scandaleux.

Nous dressons synthétiquement quelques rôles déterminants qu'un musée géologique doit généralement remplir :

- Rôle de référence vis-à-vis de la carte géologique du pays,
- Rôle de conservation de l'information géo scientifique,
- Rôle de promotion du potentiel minier,
- Rôle de formation et d'information.

q. Le laboratoire de géologie

C'est un précieux outil d'orientation et d'aide à la décision indispensable à la gestion efficace et efficiente du secteur minier. Acteurs et décideurs en ont fortement besoin : les uns pour orienter et affiner les différents programmes de recherches stratégiques et tactiques, les autres pour décider de la suite à donner quant à la poursuite ou l'abandon des programmes de recherches ou d'investissement.

Dans le rôle de boussole qui est le sien, un laboratoire de géologie doit impérativement être techniquement à la hauteur des possibilités minières du pays pour aider non seulement l'Etat à bâtir une stratégie de négociation des contrats et conventions minières mais aussi à élaborer le code minier. Il doit également pouvoir mieux l'accompagner et l'orienter de façon efficace et efficiente dans l'élaboration, la poursuite ou l'abandon des programmes pluriannuels de recherches stratégiques ou tactiques.

CONTRAINTES REGLEMENTAIRES AVANT MISE EN EXPLOITATION

L'étude d'impact environnementale

C'est une étape réglementaire qui précède la mise en exploitation des gisements miniers. Nous donnons ici les facteurs déterminants qui s'y attachent que nous tirons d'un document du PNUD.

« L'ÉIE est un processus systématique destiné à identifier, prévoir et évaluer les effets sur l'environnement d'activités ou de projets Dans la pratique de l'ÉIE, l'accent est mis sur la prévention, la réduction ou la compensation des effets néfastes du projet

Le but est de :

- fournir aux décideurs des informations sur les conséquences des activités projetées pour l'environnement ;
- promouvoir le développement durable en prenant des mesures de réduction ou de renforcements adéquats

Les buts et objectifs de l'ÉIE peuvent être divisés en deux catégories. Le but immédiat de l'ÉIE est d'éclairer le processus de décision en identifiant les effets et risques significatifs du point de vue de l'environnement. Le but final (à long terme) de l'ÉIE est de promouvoir le développement durable en faisant en sorte que les projets de développement ne compromettent pas les ressources essentielles et l'écosystème ou le bien-être, le mode de vie et les moyens de subsistance des communautés et des personnes qui en dépendent.

Les objectifs immédiats de l'ÉIE sont :

- d'améliorer la conception des projets en matière environnementale ;
- de faire en sorte que les ressources soient utilisées correctement et efficacement ;
- d'identifier les mesures nécessaires pour atténuer les impacts potentiels du projet ; et
- d'éclairer le processus de décision, notamment en fixant les termes et conditions de réalisation du projet en matière environnementale

Les objectifs à long terme de l'ÉIE sont :

- de protéger la santé humaine et d'assurer la sécurité ;
- de sauvegarder les ressources précieuses, les zones naturelles et les composantes de l'écosystème ; et de renforcer les aspects sociaux des projets
- d'éviter que des changements irréversibles et des dommages graves ne soient infligés à l'environnement

Typologie des impacts sur l'environnement

Les impacts sur l'environnement varient selon :

- le type – biophysique, social, sur la santé ou économique
- la nature – directe ou indirecte, cumulative, etc.
- l'amplitude ou la gravité – élevée, modérée ou faible
- l'étendue – locale, régionale, transfrontière ou globale
- le temps – immédiat ou à long terme
- la durée – temporaire ou permanente
- la probabilité – faible ou élevée
- la réversibilité – réversible ou irréversible
- l'importance* – faible ou élevée

Principes directeurs de la bonne pratique de l'ÉIE

L'ÉIE doit être :

Déterminée – atteindre son objectif qui consiste à éclairer la prise de décision et à assurer un degré adéquat de protection de l'environnement et de la santé humaine.

Focalisée – se concentrer sur les impacts environnementaux importants et prendre en considération les problèmes qui comptent

Flexible - s'ajuster aux réalités, aux problèmes et au contexte du projet examiné.

Participative - permettre d'informer et d'impliquer le public concerné, de prendre clairement en considération sa contribution et ses préoccupations.

Transparente – être claire, bien comprise et ouverte, avec une procédure de notification suffisamment précoce, la possibilité de consulter les documents et un registre public des décisions prises et de leurs motivations.

Rigoureuse – utiliser les « meilleures méthodologies applicables » pour traiter les impacts et les problèmes étudiés.

Pratique – identifier les mesures de réduction d'impact efficaces et réalisables.

Crédible – être réalisée avec professionnalisme, rigueur, objectivité, impartialité, de façon équilibrée et équitable.

Efficace – son coût pour les initiateurs de projet doit être le plus faible possible

Implication du public

L'implication du public est un principe fondamental de l'ÉIE. La prise en compte des avis du public affecté et intéressé contribue à s'assurer que le processus décisionnel permet de décider en toute équité et justice, conduit à faire des choix fondés sur une meilleure information et à arriver à de meilleurs résultats environnementaux L'objectif de l'implication du public est de :

- fournir aux décideurs des informations sur les conséquences des activités projetées pour l'environnement ;
- analyser leurs contributions, points de vue et préoccupations ; et
- prendre en compte les informations et l'avis du public dans l'ÉIÉ et la prise de décision.

Les objectifs essentiels de l'implication du public sont de :

- Rassembler des connaissances locales et traditionnelles pouvant être utiles à la prise de décision ;
- Faciliter l'examen des propositions alternatives, des mesures de réduction des impacts et des compromis S'assurer que des impacts importants n'ont pas été négligés et que les avantages soient maximisés ;
- Réduire les conflits par une identification précoce des points litigieux ;
- Fournir au public une possibilité d'influencer positivement la préparation du projet (créant ainsi un sens de la propriété vis-à-vis de la proposition) ;
- Améliorer la transparence et la responsabilité dans la prise de décision ; et
- Renforcer la confiance du public dans le processus d'ÉIE

Niveaux et modes d'implication du public

- Informer – flux d'information à sens unique du maître d'ouvrage vers le public ;
- Consulter – flux d'information à double sens entre le maître d'ouvrage et le public, celui-ci ayant la possibilité de s'exprimer au sujet de la proposition ;

- Participer – échange interactif entre le maître d'ouvrage et le public permettant le partage des analyses, l'établissement de l'ordre du jour, le développement de positions fondées sur la compréhension et l'acceptation vis-à-vis de la proposition et de son impact,
- Négocier – dialogue face à face entre le maître d'ouvrage et les personnes essentielles directement concernées afin de trouver un consensus et d'aboutir à une résolution finale acceptable pour tous les acteurs, par exemple, à un ensemble de mesures de réduction des impacts et de compensations

Les principes de l'implication du public

Le processus doit être :

- Global – couvre toutes les personnes directement concernées ;
- Ouvert et transparent – les étapes et les activités font l'objet d'une bonne compréhension ;
- Pertinent – concentre son attention sur les résultats correspondants au sujet ;
- Juste – est conduit impartialement et sans parti pris à l'égard de certaines personnes directement concernées ;
- Sensible – aux exigences des personnes directement concernées et à leurs apports ;
- Crédible – instaure un climat de confiance »

A la CBG, l'étude d'impact environnementale constitue un passage obligé et réglementaire avant la mise en exploitation d'un gisement de bauxite. Les résultats liés à l'inventaire de la flore et la faune sont pris en compte lors de la phase de réhabilitation en vue d'assurer la reconstitution de l'écosystème le plus proche possible de son état initial.

Le schéma suivant dresse le processus de réhabilitation minière admis à la CBG.

Dégradation couvert végétal/réhabilitation minière

La dégradation du couvert végétal est un des aspects environnementaux significatifs notamment pour une entreprise minière. En effet, elle perturbe ou modifie les écosystèmes locaux/régionaux Au niveau minier c'est principalement les activités de décapage/minage qu'il s'agit. C'est une opération qui doit être intégrée à l'exploitation minière. L'entreprise doit à ce titre proposer une réponse éco civique : la réhabilitation minière des zones dégradées ou décapées.

Dans ce cadre, des programmes et standards les plus performants possible devront être mis en œuvre afin de réduire au possible l'empreinte environnementale sur les sites d'exploitation, maximiser la conservation de la biodiversité et faciliter la reconstruction de l'écosystème le plus proche possible de son état initial.

En effet, l'intégration des sites dans leur milieu naturel initial, représente la meilleure façon de maximiser la conservation de la biodiversité qui est à la fois, moteur de la « résilience » écologique, et élément clé du caractère catalytique évolutif et auto adaptatif de l'écosystème

Une Entreprise minière doit cultiver le regard citoyen et s'inscrire dans la dynamique de l'éco-citoyenneté et du développement durable. Elle doit favoriser la gestion participative des différents programmes de réhabilitation en associant et en créant un cadre de concertation avec les communautés environnantes dans la gestion des zones après réhabilitation et le choix des essences locales ou exotiques à planter.

En effet, une entreprise doit quel que soit son domaine d'intervention, s'employer à agir local mais toujours penser global c'est-à-dire : exploiter les ressources naturelles mais sans en altérer la qualité et sans en utiliser abusivement les réserves. En effet « la terre ne doit pas être considérée comme un héritage des ancêtres mais comme un emprunt des enfants ».

Des exemples qui suivent émanent de la pratique à la CBG.

CBG
Surface après exploitation

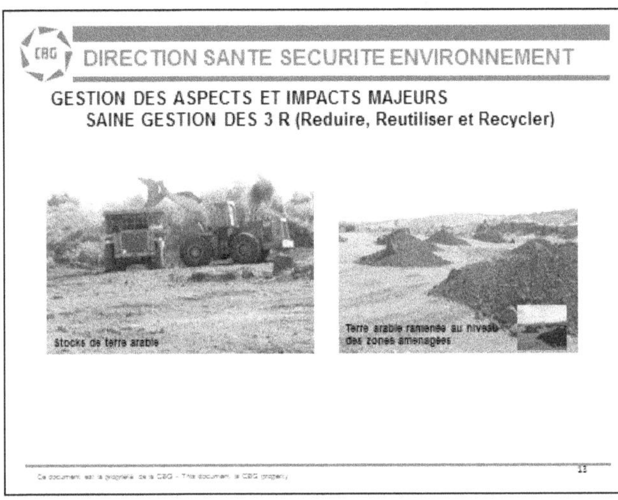
CBG
DIRECTION SANTE SECURITE ENVIRONNEMENT
GESTION DES ASPECTS ET IMPACTS MAJEURS
SAINE GESTION DES 3 R (Reduire, Reutiliser et Recycler)
Stocks de terre arable
Terre arable ramenée au niveau des zones amenagées

CBG
Opérations de Réhabilitation
Trois mois après le planting

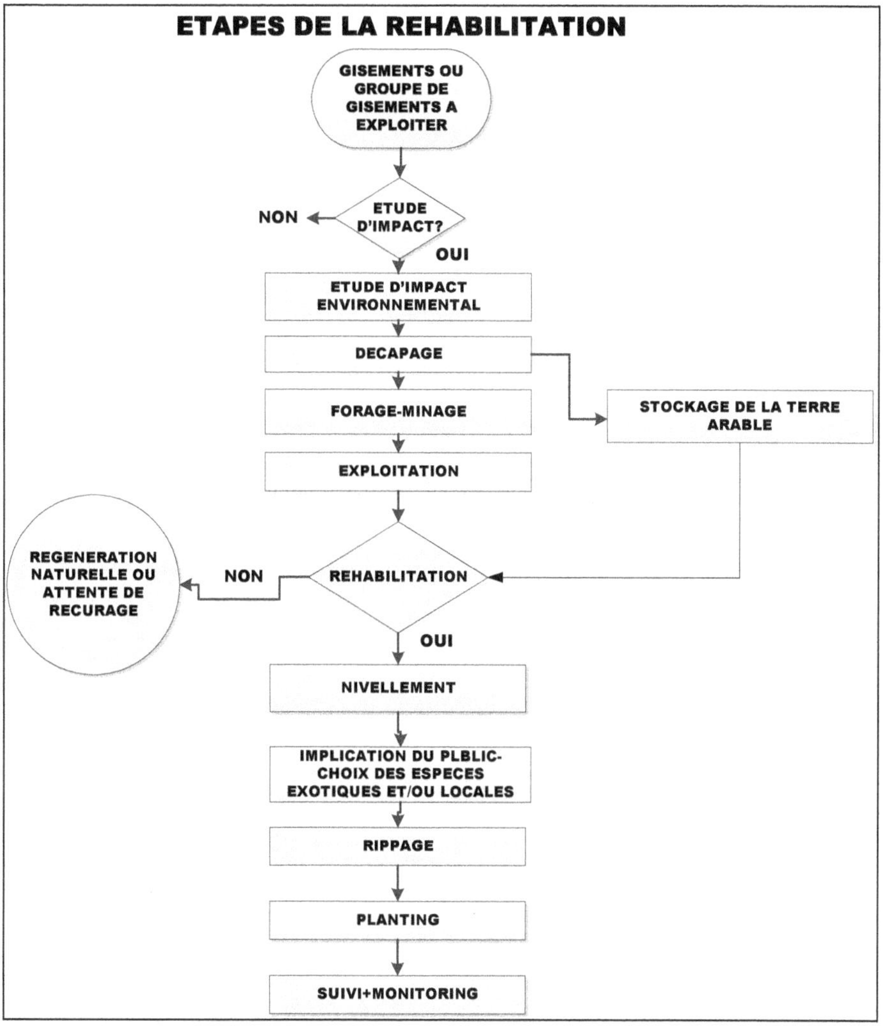
ETAPES DE LA REHABILITATION
GISEMENTS OU GROUPE DE GISEMENTS A EXPLOITER
ETUDE D'IMPACT?
NON
OUI
ETUDE D'IMPACT ENVIRONNEMENTAL
DECAPAGE
FORAGE-MINAGE
STOCKAGE DE LA TERRE ARABLE
EXPLOITATION
REGENERATION NATURELLE OU ATTENTE DE RECURAGE
NON
REHABILITATION
OUI
NIVELLEMENT
IMPLICATION DU PLBLIC-CHOIX DES ESPECES EXOTIQUES ET/OU LOCALES
RIPPAGE
PLANTING
SUIVI+MONITORING

7. CONCLUSION GÉNÉRALE

L'importance du secteur minier pour l'économie nationale est un fait établi. Et dans la conjoncture actuelle, il est quasi certain que ce secteur continuera encore pour quelques années à jouer le rôle de locomotive ou de Co-locomotive pour l'économie guinéenne, avant que d'autres secteurs comme l'agriculture et l'industrie ne prennent le relais.

Les différents travaux de cartographie et de recherche minières entrepris à diverses échelles et en divers points du pays ont permis non seulement de couvrir le territoire au 1/200000ème, de définir les grands traits structuraux et d'en réinterpréter l'histoire par endroits, mais aussi et surtout de mettre en évidence un potentiel minéral dont la taille et le poids placent le pays sur le « toit géologique » de la planète.

L'analyse et la lecture des résultats des travaux réalisés attestent grandement et autorisent amplement que ce potentiel minéral pourrait connaître une large extension en cas de certification et d'évaluation positives de nombreux indices mis en évidence.

Dès lors, la poursuite des travaux de recherches géologiques et minières s'avère évidente en vue d'explorer et de cerner davantage les larges possibilités d'extension minérale qu'offre la partie immergée de l'iceberg.

Toutefois, loin d'être le produit d'un accident fortuit ou de celui d'un environnement géologique aberrant, cet important potentiel minéral qui place le pays sur le « toit » géologique de la planète, doit être défini non pas comme un scandale géologique dans son acception géoscientifique, mais comme l'expression d'une exceptionnelle fertilisation croisée d'une géodynamique interne et externe. C'est une sorte de « déviation locale » dans la normalité évolutive de faits géologiques, aux paramètres variables, intervenant dans des domaines dépendants les uns des autres ou parfois sans relations génétiques réciproques, mais peut-être de simples relations de « cousinage »

La bonne gouvernance, la stabilité politique, la recherche géologique et minière, le développement durable et les ressources humaines compétentes, intègres et attentives à la « rotation » de la terre, constituent les principales contraintes pour sortir la Guinée minière de l'hibernation artificielle dans laquelle elle est plongée depuis plusieurs décennies : Le transfert de la Guinée du « toit » géologique au « toit » minier de la planète pour en faire un pays émergent passe nécessairement par la levée de ces contraintes majeures.

BIBLIOGRAPHIE

Publications

Bardet M.G. Géologie du diamant. Mémoires du BRGM, 83, Paris, 1974.

Bering D., Brinckmann et al. Evaluation de l'Inventaire des Ressources Minérales de Guinée. Etude, BGR., Hannover, 1998

Berge J.W., Johansson K. Et Jack J. Geology and origin of the hematite ores of the Nimba range, Liberia, Econ. Geol., 72, 1977.

Bessoles B. Geologie de l'Afrique. Le Craton Ouest Africain. Men du BRGM, 88, 1977

Black R. the Panafrican even in the geological framework of Africa. Pangea, 4, 1985

Cahen L., Snelling N.J., Delhal J et Valt J.R. the geochronology and evolution of Africa ISBN-0-19-857544-0, 1984

Carte géologique de la République de Guinée. Echelle 1 : 1000 000. Conakry/Hannover. 1998

Carte géologique de l'Ouest de l'Afrique. Echelle 1 : 2000 000. Hannover. 1997

Carte gîtologique de l'Ouest de l'Afrique. Echelle 1 : 2000 000. Hannover. 1997

Carte géologique (Gouale). Echelle 1 : 200 000. Conakry. 1978

Culver S.J., Williams H.R., Venkatakrishnan R. the Rockelide Oroge. In: Dallmeyer R.D. et Lecorche J.P. the West African orogeny and Circum-Atlantic correlatives. Springer – Verlag ISBN-0-813-3315-0.1991

Diallo D., Bertrand H. et al. Le complexe basique – ultrabasique du Kakoulima (Guinée-Conakry) : « Une intrusion tholeitique stratifiée liée au rifting de l'Atlantique centrale ». C.R. Acad. Sci. Paris, 314, serv. II, 1992

Fofana F. Iron Ore in Guinea: Development, Opportunities and Strategy. In : neuere Entwicklungen im Eisenerzbergbau, Dusseldorf, August, 1997

Géologie des gites minéraux. BRGM, 2/3, 1980
Gouloubinov R. relations des terrains métamorphiques redressés et des granites dans la région Guinéo-Soudanaise. Gouv. Gen. De l'Afr. Occ. Fran., Bull. service des mines, 1, 1938
Gouloubinov R. Géologie et Ressources en Or du Nord-Est de la Guinée, Nancy, 1936
Kozlov I.T. Géologie et pétrographie des Kimberlites de Guinée. Sovjet. Geol., 6. 1966
LamotteLamtte M., Rouggerie G. et Godfriaux I. Les accumulations de quartzite à minerai de fer dans la Chaine de Simandou (guinée Française). CR des Séances de l'Acad. Des Sciences, 3 séances du 21 juillet 1958, Paris, 1958
Lamotte M., Rougerie G. Coexistence de trois types de modèle dans la chaîne quartzitiques du Nimba et du Simandou (Haute Guinée Française). Ann. De Geogr., 61, Paris, 1952
Marcoux E., Ouedraogo M.F., Feybesse J.L., Milesi J.P. et Prost A.E Géochimie et géochronologie isotopiques : âge Pb/Pb a 2120+/-41 ma des corps sulfures massifs a Zn-Ag de Perkoa (Burkina Fasso). C.R. Acad. Sci. France, 306, 2, 1998
Meyer H.O.A. et Mahim R.A. The Kimberlites of Guinea, West Africa. Geol. Soc. Australia, 16, 1986
Milesi J.P., Feybesse J.L., Ledru P., Dommanget A., Ouédraogo et al. Les Minéralisations Aurifères de l'Afrique de l'Ouest. Leurs relations avec l'évolution litho structurale au protérozoïque inférieur. Chron. Rech. Min. (BRGM), 497, 1989
N'Diaye I.S. Le potentiel minéral de la Guinée. « 29th International Geological Congress », Kyoto, japan, 1992
Diallo D. et Petrovski P. Rapport sur le levé géologique. Mission Labé. Conakry, 1976
Diallo M. note synthèse sur les bauxites de Guinée Occidentale., Conakry, 1989
Galperov I. et Diallo D. tectonique de la Guinée Occidentale., Conakry, 1982
Geotraverse Guinée. Etude du birrimien Guinéen. D.N. géologie, Conakry, 1989
Hebrard P. Recherches des dépôts de minéraux lourds dans les sables de plages de Guinée., rech. Serv. Geol. Prosp. Min. AOF., 1958
Kamo S.L. Report on U-Pb géochronologie of rocks from Guinéa, West Africa, for Projet Allemo-Guinéen d'Evaluation du potentiel Minier de la Guinée Orientale. Jack Satterly techronology labo-

taory, Earth Siences Department, Royal Ontario Museum, 100 Queen's park Toronto, Ontario, M5S 2C6, Canada, 1997
Kamo S.L. et Kwok Y.Y. Report on U-Pb géochronological results of igneous rocks from Guinéa and for gneissic rocks from de Dabola and Beyla areas. Jack Satterly Geochronology laboratory, Earth Siences Department, Royal Ontario Museum, 100 Qeen's park Toronto, M5S 2C6, Canada, 1998
Macheys C. recherches géologiques sur les ryolites de la Tominé et les sources thermales de Galo-Kadé (Foulamory). Conakry, 1958
Stalov. K. Etude et évaluation des rapports de recherches sur les métaux et de base de la Guinée. Conakry, 1990
N'Diaye I.S. Le potentiel minéral de la Guinée : Synthèse et analyse des données actuelles. Conakry, 1991
Reconnaissance of orpaillage sites, Haute Guinée province. Guinea report, BHP Minerals, Conakry, 1994
Géotraverse et al. Travaux d'établissement de la carte des indices d'or et des sites d'orpaillage du Birrimien Guinéen. Conakry, 1989
N'Diaye I.S. Le potentiel minéral de la Guinée : Synthèse et analyse des données actuelles. Ministère des Ressources Naturelles et de l'Environnement de la Guinée. Conakry, 1991
Alexeev S.K. Rapport d'évaluation des résultats des travaux de projects : « recherche de Cu, Pb, Zn », « Recherche et prospection des pierres gemmes », « Développement minier, phase intermédiaire, définition du programme des travaux futurs ». ministère des Ressources Naturelles et de l'Environnement de la Guinée. Conakry, 1993
N'Diaye I.S. Note de synthèse sur la Cartographie géologique et géophysique aéroportée à 1 : 200 000 du NE et SE de la Guinée. Conakry, 1999
Nikitin J. Projet Occidental., Ministère des Mines et de la Géologie., Conakry, 1995
Pohl D. et al. Etude et inventaire des sites d'orpaillage du birrimien Guinéen. Conakry, 1994
Romanko E. et Nikoulchine M. Rapport portant sur l'exécution des travaux de prospection géologique du diamant dans la région diamantifère de Banankoro (République de Guinée) en 1967-1968., Conakry, 1968
Stouley. Simandou Iron Or Project Guinea, 1997
Tabor M. et Andres G. Appendice du rapport complémentaire : « Interprétation des données par mesures de recherche de chromite effectuées aux alentours de Kakoulima », 1957

N 'Diaye I.S. Le potentiel minéral de la Guinée. « 30th International geological Congress », beijing, Chine., 1996

N'Diaye I.S. Les provinces minières et Impact pour la Guinée. « 3-e Réunion technique de Pangis ». Pretoria, Afrique du Sud. 1997

N'Diaye I.S. Note sur les provinces métallogénique de la Guinée. « Conférence de Société géologique d'Amérique », Toronto, Canada, 1998

N'Diaye I.S. note sur les provinces métallogénique de la Guinée. « Conférence de Société géologique d'Amérique », Denver, USA, 1999

Brinckman J. Bilan de la cartographie géologique en Guinée, inventaire des ressources minérales et synthèse géologique minier « Guinée-2000 » Conakry, 2000

Obermuller A. et Roques M. Discordance de la Série antécambrienne du Simandou sur les gneiss de Guinée (A.O.F). CR Acad. Sci., Fr., 223, 1946

Rombouts L. Geology and evaluation of the Guinea diamond deposits. Soc. Geol. Belgique Annales, V.110, 1998

Suterland G. G. geomorphology and mineral exploration: Some examples from exploration for diamondiferous placer deposits. Zeitschr. Geomorphologie, Neue Folge Suppl., 51, 1984

Suterland D. G. The Diamond deposits of the Mandala basin ; SE Guinea, West Africa, (GBR) Trans. R. Soc. Edinburgh earth Sci, 84, 2, 1993

Wright J., Hastings L.A., Jones et W.B. Williams. Geology and mineral resources of West Africa Alles et Unwin, Boston, Sidney, 1985

Bumifom. Conclusion sur l'étude du gisement de graphite de Lola., Rapp. BRGM, Paris, 1956

Chermette A. note sur les indices d'amiante de N'Zérékoré. (Guinée Forestière). Arch. Serv. Geol. Prosp. Min., Dakar, 1956

Chermette A. L'Or filonien dans le Fitaba. Cercle de Dabola (Haute Guinée). Arch. Serv. Geol. Prosp. Min., Dakar, 1956

Delbos L. et Normand D. Plan Minéral. Programme quinquennal de prospection des minéraux de la Guinée. Rapport BRGM pour la Banque Mondiale. 1989

Rapports géologiques des zones levées par le BRGM à 1/200000 : Notices explicatives

Rapports de cartographie géologique des zones levées à 1/200000 par zarubeghgéologia URSS : Notices explicatives

Rapport sur le développement minier de l'AOF Mareille A.

Chermette Note sur les travaux de prospection sur le massif de kakoulima
J-Goor Rapport géologique sur Beyla-Macenta-Guéckédou
Chevanning mining and explor.comp. limited Placer d'or de Didi
Journées de réflexion : MRNE
Grandes lignes du code minier MRNE CPDM
Murard R Les mines : Extraits du volume »AOF » tome II de l'encyclopédie coloniale
Géosurvey : interprétation Landsat de la Guinée
Nations unies-Projet PNED-DADGS-BKF 91/004 1994 Ressources minérales du Burkina faso
DIAO D. et G. Galperov : Tectonique de la Guinée occidentale
Rapport Symposium Mine 2011/ Ministère Mine & Géologie
Ibrahima Soumah : Avenir de l'Industrie Minière en Guinée 2007
Ibrahima Soumah : Les mines de Guinée, comment cela fonctionne

TABLE DES MATIÈRES

Guinée-Conakry aux éditions L'Harmattan

Dernières parutions

INDÉPENDANCE (L') DE LA GUINÉE EN 1958
Chronologie et commentaires
Keita Sidiki Kobélé
L'auteur de ce livre a choisi l'année 1958, l'une des plus controversées de l'histoire de l'indépendance guinéenne, pour démontrer ses théories : l'histoire véritable doit refuser de céder sa place à la légende, à l'affabulation, aux chroniques arrangées. Elle doit, pour ce faire, exiger l'approfondissement des recherches documentaires afin de mieux appréhender tous les tenants et les aboutissants ou tous les aspects d'un fait.
(25.00 euros, 252 p.)
ISBN : 978-2-343-04646-4, ISBN EBOOK : 978-2-336-36704-0

TOURBILLON (LE) VERS LA SORTIE
Barry Aminata
Ce troisième épisode de *Tourbillon* marque le point final d'un vécu décrit dans une tourmente politico-sociale. L'auteur a voulu être le témoin d'une histoire, la sienne, qui s'est déroulée en Guinée.
(Coll. Harmattan Guinée, 14.00 euros, 136 p.)
ISBN : 978-2-343-05387-5, ISBN EBOOK : 978-2-336-36797-2

FORMATION INITIALE DES MAÎTRES EN GUINÉE ET ENJEUX DE LA SCOLARISATION PRIMAIRE UNIVERSELLE
Diané Baba - Préface Hadja Aida Bah Diallo
Ce livre tente d'apporter des réponses à plusieurs questions que soulève l'introduction, dans le système guinéen de formation des maîtres, d'un programme novateur. Des interrogations fondamentales se posent pour baliser le dispositif de formation des instituteurs. Ce livre questionne le processus d'administration du modèle en termes d'efficacité interne et externe, de pertinence, de cohérence, d'apprentissage et de transfert.
(Coll. Harmattan Guinée, 25.00 euros, 246 p.)
ISBN : 978-2-343-05098-0, ISBN EBOOK : 978-2-336-36433-9

MON CAHIER DE MORALE
Cours de morale dispensés par Germaine Legoff à l'ENRJF de Rufisque (1944-1945)
Bah Hadja Nima - Préface de Boubacar Diallo
En ce début de XXIe siècle, la Guinée traverse une crise sociale, politique, économique et culturelle d'une ampleur sans précédent. Ce constat atteste qu'il y a un déficit en matière d'éducation civique et morale (ECM). Face à cette situation, l'auteur, ancienne Rufisquoise, apporte son expérience de «legoffienne». Elle met à notre disposition son cahier de morale de l'École Normale Supérieure de jeunes filles de Rufisque. Ces cours ont été conduits de main de maître par Germaine Legoff, l'éducatrice mythique.
(Coll. Harmattan Guinée, 11.50 euros, 86 p.)
ISBN : 978-2-343-03333-4, ISBN EBOOK : 978-2-336-36315-8

ÉDUCATION (L') SEXUELLE EN ISLAM

Fofana Mory

L'éducation sexuelle ou, mieux, «l'éducation au mariage», est un commentaire des principaux hadiths sur la question du mariage légitime en islam. On y parle du modèle de femme à épouser, de la dot, de l'accouchement, du baptême, et du calendrier mensuel du couple. Les solutions qu'on y préconise face aux différents problèmes du couple sont de nos jours pour la plupart confirmées par les données de la science. Un ouvrage pour tous ceux qui nourrissent le désir d'être bien informés sur la délicate question de la vie à deux.

(Coll. Harmattan Guinée, 10.00 euros, 102 p.)

ISBN : 978-2-343-03560-4, ISBN EBOOK : 978-2-336-36389-9

LETTRE DE POLITIQUE NATIONALE, DE DÉCENTRALISATION ET DE DÉVELOPPEMENT LOCAL 15 JUIN 2011

***Suivie de* Plan d'action pour la mise en œuvre de la lettre de politique nationale, de décentralisation et de développement local 15 juin 2010**

Ministère de l'Administration du Territoire et de la Décentralisation

Préface d'Alhassane Condé

La LPN-DDL représente le cadre conceptuel, juridique et institutionnel de la politique de l'État dans les domaines précis de la décentralisation et de la déconcentration. Elle se place au cœur de la réforme de l'État. Sa mise en œuvre permettra de créer, autour des collectivités locales, des pôles de développement économique dynamiques et structurés, et de diffuser plus efficacement le développement local à l'intérieur du pays.

(Coll. Harmattan Guinée, 20.00 euros, 186 p.)

ISBN : 978-2-343-03366-2, ISBN EBOOK : 978-2-336-36365-3

DÉMON TAUREAU

Contes de Guinée-Conakry

Diallo Boubacar

Comment un chasseur réussit-il à tromper le diable ? Comment Kirdi, un grand séducteur, perdit-il son pénis ? Comment Hammadi réussit-il à vaincre Démon Taureau ? Comment Salé fut-elle transformée en mouche ? Le lecteur trouvera les réponses dans ce recueil de contes initiatiques amusants mais parfois tragiques et fera un beau voyage, passant par le Soumbouya et la Mellacorée, les montagnes, les forêts galeries et les bowé du Fouta Djallon, la savane du Mandé, la forêt dense du Nimba...

(Coll. La légende des mondes, 12.00 euros, 110 p.)

ISBN : 978-2-343-04589-4, ISBN EBOOK : 978-2-336-36055-3

TRANSITIONS (LES) POLITIQUES EN GUINÉE

De son indépendance à 2010

Bah Ibrahima

Préface de Dominique Bangoura

Depuis son indépendance en 1958, la Guinée a connu plusieurs types de transitions politiques. La première, post Sékou Touré, s'est terminée par la prise du pouvoir par l'armée (1984). Après un régime d'exception de six ans, la Guinée s'engage dans une nouvelle transition. Cependant, l'ère démocratique fut éphémère. Après une tentative de renversement du pouvoir par des militaires en 1996, le régime de Lansana Conté bascula dans l'autoritarisme jusqu'à sa mort en 2008, suivie d'un putsch militaire dirigé par le capitaine Moussa Dadis Camara. Après une tentative d'assassinat du capitaine Camara, le général Sékouba Konaté conduisit cette transition à l'élection présidentielle de juin et novembre 2010.

(Coll. Afrique : politiques publiques, sécurité, défense, 26.00 euros, 256 p.)

ISBN : 978-2-343-00606-2, ISBN EBOOK : 978-2-296-53884-9

CONAKRY : LA RÉPUBLIQUE DES VOLEURS

Bah Thierno

Dès ses premiers discours à la nation après son installation à la tête de la Guinée, Conté déclare : «Nous sommes arrivés pauvres au pouvoir. Si vous nous voyez construire des villas et acheter des

voitures, c'est que nous avons volé.» Arrivé au pouvoir à partir de 1990, il prend goût à l'argent. Il installe son régime dans le pillage illimité des richesses nationales. Il favorise le détournement des devises. À la fin de sa vie, sa fortune a été estimée à 450 millions de dollars.
(38.00 euros, 380 p.)
ISBN : 978-2-336-29345-5, ISBN EBOOK : 978-2-296-53307-3

DESTINS GUINÉENS
Mémoires d'un rescapé du goulag de Sékou Touré
Touré Tara Arafanour Naby-Moussa
Face à des horreurs inimaginables du goulag de Sékou Touré et de son régime barbare qui a sévi en Guinée pendant plus d'un quart de siècle, l'auteur raconte le miracle de sa propre survie. Il rend hommage à ses compagnons à travers une galerie de personnalités et d'anonymes torturés dans les camps de la mort. Ce témoignage a pour but d'accomplir un devoir de mémoire et d'honorer tous ceux qui ont comblé les innombrables fosses communes.
(Coll. Harmattan Guinée, 27.00 euros, 266 p.)
ISBN : 978-2-343-00098-5, ISBN EBOOK : 978-2-296-53164-2

MIGRATIONS, ONG ET DÉVELOPPEMENT EN GUINÉE
Barry Idrissa
Voici une analyse de la migration guinéenne, au croisement des enjeux économiques, politiques et culturels. Les rapports migration/développement en Guinée sont étudiés dans plusieurs domaines : transferts matériels et culturels, participation de la diaspora, développement participatif, rapport entre Guinéens de l'intérieur et de l'extérieur, clivages et influences politiques.
(Coll. Études africaines, 23.00 euros, 218 p.)
ISBN : 978-2-336-29212-0, ISBN EBOOK : 978-2-296-53148-2

MARIO, LE BASKET-BALL ET MOI
Mario vu et raconté par Leah
Diallo Alpha Leah
Par le sport et dans le sport naquit une amitié, entre Leah et Mario, les basketteurs de l'équipe nationale de Guinée. L'amitié est la seule raison qui a poussé Leah à consacrer un livre à son compère Mario, le fabuleux numéro 10, le prince charmant du basket-ball guinéen, afin qu'il vive éternellement.
(Coll. Harmattan Guinée, 25.00 euros, 246 p.)
ISBN : 978-2-336-00933-9, ISBN EBOOK : 978-2-296-51635-9

TOURBILLON (LE)
Le combat
Barry Aminata
Faisant suite à un premier volume *Tourbillon, la dérive autoritaire*, ce livre est un feuilleton, celui de la vie de l'auteur, sur un certain parcours fait d'épines et de pétales, avec comme fil conducteur la responsabilité politique du fait d'autrui.
(Coll. Harmattan Guinée, 14.00 euros, 136 p.)
ISBN : 978-2-336-00918-6, ISBN EBOOK : 978-2-296-51634-2

CONTES DE LA BROUSSE, DE LA FORÊT, DE LA SAVANE ET DE LA MONTAGNE
Diallo Boubacar
Ce livre présente les contes de toutes les régions naturelles de la Guinée, sans aucune forme de discrimination. Il s'agit donc d'un survol des aires culturelles de la Guinée avec, en toile de fond, les histoires tissées autour du prince des arbres, le kouratier. C'est un arbre aux vertus multiples qui donne ses fruits à manger, son ombre, du bois mort, des médicaments traditionnels et, aussi, des récits féériques.
(Coll. Harmattan Guinée, 9.50 euros, 58 p.)
ISBN : 978-2-336-00932-2, ISBN EBOOK : 978-2-296-51633-5

ÉCONOMIE (L') POLITIQUE DE LA GUINÉE (1958-2010)
Des dictatures contre le développement
Cournanel Alain
La République de Guinée a subi en cinquante ans deux types de régime, deux formes de dictature. La Ire République (1958-1984), dirigée par Sékou Touré, a sacrifié le développement de la jeune nation à l'omnipotence du parti unique aux mains d'un noyau inamovible. La IIe République (1984-2008), dictature molle à peine déguisée en État de droit, a confié le pouvoir d'État aux prétoriens et l'orientation économique au FMI.
(Coll. Etudes africaines, 31.00 euros, 296 p.)
ISBN : 978-2-296-99810-0, ISBN EBOOK : 978-2-296-51374-7

GUINÉE FACE AU HANDICAP (LA)
La problématique des déficiences motrices à Conakry
Tchirkov Vitaly
L'auteur tente d'expliquer les causes et conséquences de la prédominance des déficiences des membres inférieurs à Conakry, en République de Guinée. Il s'intéresse également aux représentations que reflètent la notion de handicap et aux influences qu'elles subissent de la part des croyances traditionnelles et religieuses. Cette recherche s'inscrit dans la volonté d'établir un état des lieux de la situation actuelle et dans la réalisation d'un important travail de terrain.
(Coll. Etudes africaines, 25.00 euros, 246 p.)
ISBN : 978-2-336-00499-0, ISBN EBOOK : 978-2-296-51006-7

D'UNE GUINÉE À L'AUTRE
Souvenirs et témoignages
Diallo Bah Aïssatou
Cet ouvrage est un témoignage autobiographique de l'itinéraire de l'auteur, de la période coloniale à nos jours. L'auteur fait un résumé des événements politiques marquants de la Guinée française à la fin de la période coloniale, de la première République et du régime militaire. Elle donne des références sur la vie économique et sociopolitique du pays de l'ère postcoloniale et aussi sur la vie familiale et personnelle.
(Coll. Harmattan Guinée, 15.50 euros, 154 p.)
ISBN : 978-2-336-00077-0, ISBN EBOOK : 978-2-296-50405-9

VEUVAGE FÉMININ ET SACRIFICES D'ANIMAUX DANS LE FOUTA-DJALON (GUINÉE)
Traditions en changement
Kervella-Mansaré Yassine
En Guinée, dans la région du Fouta-Djalon, les rites funéraires comprennent des cérémonies de sacrifice d'animaux. On pourrait penser que ces rites sont hérités d'une longue tradition, mais l'auteure montre que ce qui s'observe aujourd'hui n'est pas la reproduction de ce qui s'observait hier. Cela n'empêche pas de considérer que perdurent certains éléments ou certaines structures.
(Coll. Etudes africaines, 22.00 euros, 218 p.)
ISBN : 978-2-296-99285-6, ISBN EBOOK : 978-2-296-50294-9

GUINÉE L'AURORE D'UNE DÉMOCRATIE
Lonseny-Fall François
Plus de cinquante ans après son indépendance, la Guinée organise enfin une élection démocratique multipartite. L'auteur, acteur politique, porte son regard avisé sur ce processus allant de l'émergence d'une véritable transition politique à l'organisation de la première élection présidentielle permettant de bâtir l'avenir de la Guinée pour tous ses enfants.
(11.50 euros, 88 p.)
ISBN : 978-2-296-99404-1

L'HARMATTAN ITALIA
Via Degli Artisti 15; 10124 Torino

L'HARMATTAN HONGRIE
Könyvesbolt ; Kossuth L. u. 14-16
1053 Budapest

L'HARMATTAN KINSHASA
185, avenue Nyangwe
Commune de Lingwala
Kinshasa, R.D. Congo
(00243) 998697603 ou (00243) 999229662

L'HARMATTAN CONGO
67, av. E. P. Lumumba
Bât. – Congo Pharmacie (Bib. Nat.)
BP2874 Brazzaville
harmattan.congo@yahoo.fr

L'HARMATTAN GUINÉE
Almamya Rue KA 028, en face
du restaurant Le Cèdre
OKB agency BP 3470 Conakry
(00224) 657 20 85 08 / 664 28 91 96
harmattanguinee@yahoo.fr

L'HARMATTAN MALI
Rue 73, Porte 536, Niamakoro,
Cité Unicef, Bamako
Tél. 00 (223) 20205724 / +(223) 76378082
poudiougopaul@yahoo.fr
pp.harmattan@gmail.com

L'HARMATTAN CAMEROUN
BP 11486
Face à la SNI, immeuble Don Bosco
Yaoundé
(00237) 99 76 61 66
harmattancam@yahoo.fr

L'HARMATTAN CÔTE D'IVOIRE
Résidence Karl / cité des arts
Abidjan-Cocody 03 BP 1588 Abidjan 03
(00225) 05 77 87 31
etien_nda@yahoo.fr

L'HARMATTAN BURKINA
Penou Achille Some
Ouagadougou
(+226) 70 26 88 27

L'HARMATTAN SÉNÉGAL
10 VDN en face Mermoz, après le pont de Fann
BP 45034 Dakar Fann
33 825 98 58 / 33 860 9858
senharmattan@gmail.com / senlibraire@gmail.com
www.harmattansenegal.com

L'HARMATTAN BÉNIN
ISOR-BENIN
01 BP 359 COTONOU-RP
Quartier Gbèdjromèdé,
Rue Agbélenco, Lot 1247 I
Tél : 00 229 21 32 53 79
christian_dablaka123@yahoo.fr

Achevé d'imprimer par Corlet Numérique - 14110 Condé-sur-Noireau
N° d'Imprimeur : 117606 - Dépôt légal : avril 2015 - *Imprimé en France*

www.ingramcontent.com/pod-product-compliance
Lightning Source LLC
LaVergne TN
LVHW021237061026
849535LV00008B/3096
9782343061092